CONGÉLATION ET QUALITÉ DE LA VIANDE

CONGÉLATION ET QUALITÉ DE LA VIANDE

Claude Genot

INSTITUT NATIONAL DE LA RECHERCHE AGRONOMIQUE
147, rue de l'Université - 75338 Paris Cedex 07

PRÉFACE

La congélation de la viande est pratiquée depuis plus d'un siècle. On pourrait donc penser que tout a été dit et écrit sur cette technique qui, il faut le noter, a représenté une véritable révolution dans le domaine de la conservation, en permettant de garder pratiquement au produit toutes ses caractéristiques initiales. En effet, tous les autres procédés autorisant des reports de consommation par rapport à la production sont des transformations (cuisson, salage et salaison, séchage, fumaison, stérilisation, etc.) qui délivrent un produit final différent du produit initial, au moins sur le plan organoleptique, sinon sur le plan nutritionnel.

Étant donné l'état des connaissances à l'époque où la congélation de la viande a commencé à être pratiquée, on peut dire, en exagérant à peine, que l'on savait congeler de la viande, mais que l'on ignorait à peu près tout du produit que l'on congelait. En effet, les phénomènes biochimiques, qui se déroulent au cours de la transformation du muscle en viande étaient inconnus ; on ne connaissait pas l'existence de l'ATP, la structure fine du muscle, la composition et la structure des membranes, le réticulum sarcoplasmique, etc. faisaient partie du savoir à acquérir.

De ce fait, chaque avancée scientifique, chaque acquisition de connaissance nouvelle sur la structure du tissu musculaire et les mécanismes biochimiques prenant place dans le muscle et/ou la viande a entraîné l'étude de l'impact de la congélation sur ces caractéristiques et phénomènes. On en est ainsi venu à décomposer le processus de congélation en ses trois phases constitutives, congélation, stockage à l'état congelé, décongélation, et à définir, pour chacune de ces phases, les conditions causant le minimum de modifications de manière à rester au plus près des caractéristiques du produit initial. Dans le même temps, il a également été possible d'identifier, dans la matière première, certains facteurs permettant à la viande de subir le processus de congélation avec le minimum de dommages.

Cet ouvrage nous présente le point des connaissances actuelles sur l'impact de la congélation sur les qualités de la viande, essentiellement ses qualités organoleptiques. Après un rappel de principes de base nécessaires et la description de phénomènes ayant un effet sur la texture, l'auteur, qui est une spécialiste, entre autres, de l'oxydation des lipides en milieu carné, développe tout particulièrement les mécanismes de ces réactions d'oxydation au cours de la congélation et leurs conséquences très importantes (puisqu'elles peuvent être causes de refus de la part du consommateur) sur la flaveur et la couleur du produit final. Enfin, les aspects pratiques de la préservation de la qualité des viandes congelées permettront au lecteur « en situation » d'en tirer profit de façon appréciable.

René Goutefongea
Directeur de Recherches Honoraire à l'INRA

SOMMAIRE

Introduction

En 1876, sous l'impulsion de Charles Tellier, des carcasses congelées de bœufs étaient pour la première fois acheminées avec succès de Rouen à Buenos-Aires par la voie maritime. A la même époque, les premiers moutons congelés firent le voyage de Nouvelle-Zélande jusqu'en Angleterre. Depuis lors, la pratique de la congélation de la viande s'est généralisée. Elle est désormais pratiquée à grande échelle aux différentes étapes de la transformation de la viande et des produits carnés. La congélation permet en effet de prolonger considérablement la durée de vie des produits sans en modifier notablement les caractéristiques sensorielles, qu'elle soit appliquée à une carcasse entière, à de la viande en morceaux ou hachée ou à un plat cuisiné. La congélation a ainsi facilité la distribution des denrées et contribué à accroître les échanges en permettant de différer le stade d'utilisation et de consommation du stade de la production. Néanmoins, la viande, même à l'état congelé, n'est pas une matière inerte. Elle est la cible de modifications de structure et de réactions biochimiques lors de la congélation proprement dite, pendant la conservation à l'état congelé et lors de la décongélation. Ces phénomènes, s'ils sont mal maîtrisés, sont parfois à l'origine de modifications des qualités technologiques et sensorielles des viandes (cf. encadré ci-dessous). Il convient donc de bien connaître l'ensemble de ces phénomènes, de même que celui des facteurs qui les influencent, afin de choisir et utiliser les solutions technologiques les plus

Principales caractéristiques de la viande susceptibles d'être affectées par la congélation

Rendements de transformation
- pertes d'eau pendant la congélation et la conservation à l'état congelé
- pertes à la décongélation (exsudat)
- pertes à la cuisson

Propriétés technologiques
- pouvoir de rétention d'eau
- pouvoir émulsifiant, stabilité des émulsions
- pouvoir gélifiant, ...

Propriétés sensorielles
- aspect général (brûlures au froid, fractures, présence d'exsudat, ...)
- couleur
- jutosité
- tendreté
- odeur, flaveur, goût
- acceptabilité

Qualités nutritionnelles
- pertes de fer
- pertes de vitamines du groupe B
- formation d'oxydes de cholestérol et de produits d'oxydation des lipides

aptes à préserver la qualité des produits. L'actualité de ces questions est bien illustrée par le fait que, d'après le résultat de l'interrogation de la base de données bibliographiques *Food Science and Technology Abstracts* (FSTA), plus de 150 publications dans lesquelles il est question de l'impact de la congélation des viandes issues des principales espèces d'intérêt zootechnique, sont parues au cours des années 1995-99.

Cet ouvrage se propose de faire un point sur les altérations susceptibles d'affecter la qualité de la viande et, plus particulièrement, ses qualités sensorielles, lors de la congélation, de la conservation à l'état congelé et de la décongélation. L'accent est placé sur les mécanismes mis en jeu, sur les facteurs intervenants et sur les moyens propres à prévenir ces altérations. Il est également porté sur l'importance primordiale de la qualité initiale des produits. En effet, en aucun cas la congélation ne peut améliorer la qualité d'un produit médiocre et le choix de matières premières de bonne qualité, adaptées aux traitements qu'elles vont subir, constitue un préalable indispensable à l'obtention de produits à longue durée de vie qui satisfassent aux exigences de leurs utilisateurs. Les aspects physiques (transfert de chaleur et cristallisation de l'eau), microbiologiques et réglementaires du procédé, ont été traités dans d'autres ouvrages et publications ; par conséquent, seuls quelques rappels essentiels sont intégrés à la première partie de l'ouvrage. Le dernier chapitre aborde brièvement quelques aspects pratiques et techniques de la congélation de la viande.

Aspects généraux de la congélation

La congélation est l'action de soumettre un produit au froid de façon à provoquer le passage de l'eau qu'il contient à l'état solide. Cette opération a pour but d'augmenter la durée de conservation du produit et pour cela, plus de 80 % de l'eau doit être transformée en glace. Quand la congélation est très rapide et suivie d'un stockage à une température n'excédant pas – 18 °C, on parle de surgélation. Ce dernier terme fait l'objet d'une réglementation stricte au niveau de la CEE (Directive 89/108/CEE) et en France (décret 64-949 du 9 septembre 1964, modifié par le décret 91-1230 du 3 décembre 1991). Ces décrets font référence à l'état de fraîcheur du produit au moment de la congélation, à la vitesse de congélation, au maintien de la chaîne du froid et à l'étiquetage (AFF, 1995).

Processus de congélation : aspects thermiques et cristallisation de l'eau

Le processus de congélation se caractérise par le changement d'état de l'eau liquide en glace sous l'action du froid, ou cristallisation de l'eau. Les aspects fondamentaux de ce phénomène (thermodynamique, mécanismes et cinétiques de nucléation et de croissance des cristaux, diagrammes d'état) ne font pas l'objet de cet ouvrage ; ils ont été détaillés par exemple dans les articles de Reid (1983, 1994), Blond (1990), Fennema (1996), Sahagian et Goff (1996).

Dans un produit alimentaire, comme la viande, la congélation se traduit en premier lieu par une *évolution de la température,* non linéaire en fonction du temps et dépendant de la localisation dans l'échantillon (fig. 1). Schématiquement, en un point donné du produit, trois étapes se succèdent :

– le *stade de pré-congélation* au cours duquel la température diminue jusqu'à atteindre celle à laquelle commence la cristallisation ;

– le *stade de congélation* proprement dit pendant lequel la plus grande partie de l'eau congelable se transforme en glace et la température diminue progressivement ;

– le *stade de refroidissement* jusqu'à la température d'entreposage.

Le stade de congélation est caractérisé par :

– la *température de congélation (ou de fusion) commençante ou température cryoscopique* (Tc). Le tissu biologique se comporte en première approximation comme une solution diluée, or Tc diminue quand la concentration en solutés croît (loi de Raoult). Dans la viande, Tc est proche de – 1,5 °C (tabl. 1). La température à laquelle commencent à se former les premiers germes cristallins (nuclei), ou *point de congélation,* est inférieure à Tc, ce qui caractérise le phénomène de surfusion ou sous-refroidissement. Cette réduction initiale de la

Tableau 1 *– Propriétés thermiques de la viande : exemples de températures de congélation, chaleur spécifique et chaleur latente de fusion de différents produits carnés d'après les valeurs rapportées par : (1) Polley* et al. *(1980) ; (2) Mallet (1994) ; (3) IIF (1986).*

Produit	**Réf.**	**Teneur en eau (%)**	**Température de congélation (°C)**	**Chaleur spécifique (kJ/kg.°C)**		**Chaleur latente de fusion (kJ/kg)**
				frais (0 à 30 °C)	congelé	
Volaille entière	1	74	– 2,8	3,31	1,55	247
Carcasse de porc (47 % maigre)	2	37	-	2,60	1,31	124
Porc (8 % lipides)	3	70	-	3,43	-	-
Porc frais	1	60	– 2,2	2,85	1,34	201
Bacon frais maigre	1	68	– 1,7	3,22	1,68	233
Bacon fumé	1	13-29	-	1,26-1,80	1,01-1,21	42-95
Jambon (74 % maigre)	2	56	– 1,7	3,08	1,55	188
Graisse de porc	1	-	– 2,2	2,60-2,85	1,34	201
Carcasse de bœuf (60 % maigre)	2	49	– 1,7	2,90	1,46	164
Bœuf	3	74	-	3,42-3,58	2,12	-
Bœuf bouilli	1	57	-	3,06	-	-
Graisse de bœuf	1	-	– 2,2	2,51	1,47	184
Agneau	1	60-70	– 2,2 à – 1,7	2,81-3,18	1,26-2,14	194-233

Les faibles teneurs en eau rapportées pour les animaux entiers (carcasses) résultent de la présence des os et de la couverture graisseuse superficielle. Le tissu musculaire par lui-même possède une teneur en eau remarquablement constante (72 à 74 % d'eau). Ainsi la température de congélation commençante des tissus musculaires varie très peu. En pratique, on considère généralement que la température de congélation de la viande est de – 1,5 °C, parfois –1 °C. Les températures plus basses rapportées ci-dessus dans certains échantillons de viande, ou pour les volailles entières peuvent résulter de la présence des matières grasses extramusculaires (tissu adipeux de couverture).

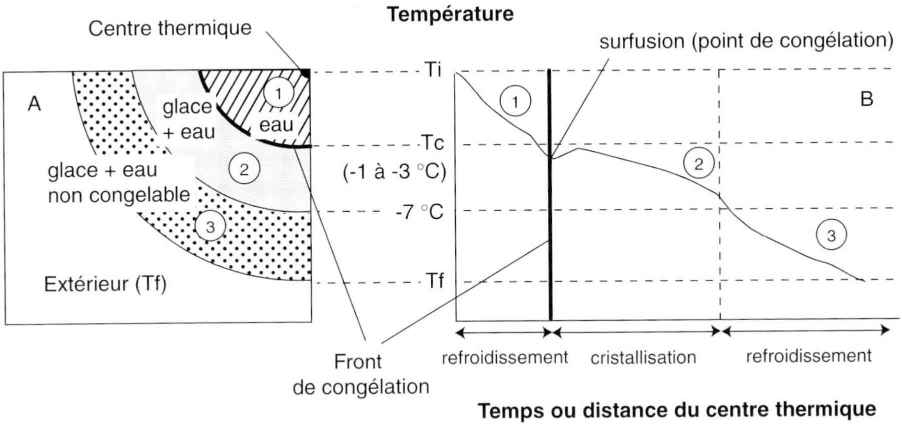

***Figure 1** – Les différentes phases de la congélation d'un échantillon. Ti : température initiale ; Tc : température de congélation ; Tf : température finale.*
A : État de l'eau dans un produit de forme géométrique simple en cours de congélation. Les trois zones représentées correspondent aux trois étapes de la congélation.
B : Gradient de température au sein de l'échantillon ou évolution au cours du temps de la température en un point de l'échantillon.
1 : phase de pré-congélation (refroidissement du produit jusqu'à la température de congélation ; l'eau est encore à l'état liquide).
2 : phase de congélation ou changement d'état de l'eau en glace (T ≤ Tc) avec nucléation, puis croissance des cristaux (cristallisation).
3 : refroidissement du produit congelé ; la majeure partie de l'eau congelable est sous forme de glace.

température résulte de l'énergie d'activation de la nucléation. Une fois la nucléation commencée, le système cède plus de chaleur latente que ce qui est strictement nécessaire à la croissance des cristaux et la température remonte rapidement jusqu'à Tc. Par la suite, si le régime thermique est suffisant, la température diminue progressivement pour toujours être au plus égale à Tc, qui diminue progressivement du fait de la cryoconcentration des solutés ;

– le *taux de nucléation* qui est le nombre de nuclei formés par unité de temps. Il est d'autant plus élevé que le refroidissement est rapide : pour chaque Kelvin de sous-refroidissement, le taux de nucléation est multiplié par 10 ;

– la *vitesse de croissance* des cristaux, contrôlée en grande partie par le flux de chaleur évacué de la zone de cristallisation, mais aussi par la cryoconcentration des fluides intra- et extracellulaires en cours de congélation qui ralentit progressivement la croissance.

Lors de la congélation, l'*enthalpie massique* chute brutalement ; puis elle continue à diminuer progressivement pendant la phase de refroidissement (fig. 2). Cette diminution conditionne les calculs de dimensionnement des congélateurs. La *masse volumique* du produit diminue également lors de la congélation corrélativement à l'augmentation de volume qui est de l'ordre de 6 % en fin de congélation. La *conductivité thermique* du produit augmente car celle de la glace est quatre fois plus élevée que celle de l'eau. La conductivité

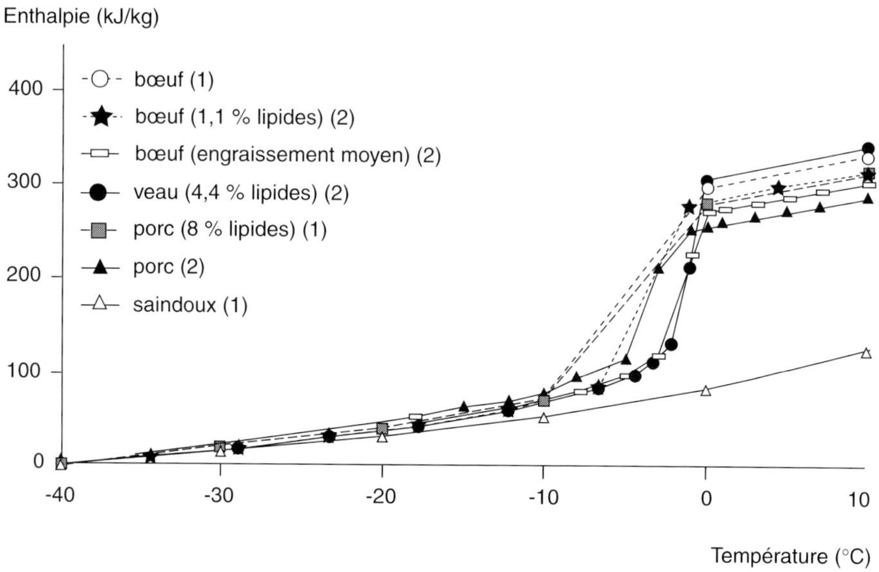

Figure 2 – *Enthalpie (kJ.kg[- 1]) de quelques produits carnés en fonction de la température. Les valeurs ont été calculées en fixant une enthalpie de 0 kJ.kg[- 1] à – 40 °C.*
(1) d'après Polley et al. *(1980) ; (2) d'après Morley (1972).*

thermique des tissus adipeux est plus faible que celle des tissus musculaires et, dans ces derniers, elle est légèrement plus élevée si le flux de chaleur est parallèle au sens des fibres musculaires que s'il est perpendiculaire (fig. 3).

Dans le muscle, comme dans tous les produits en cours de congélation, la *proportion d'eau congelée* augmente quand la température diminue (tabl. 2). C'est ainsi qu'à – 7 °C l'eau sous forme de glace représente environ 80 % de l'eau totale du tissu musculaire. Quand la température atteint – 20 °C, près de 90 % de l'eau est à l'état solide, ce pourcentage n'augmentant pas notablement pour une température plus basse. Aux températures très basses, il y a soit formation d'un eutectique[1], soit transition vers l'état vitreux. La fraction d'eau non congelée diminue donc au cours de la congélation jusqu'à une valeur limite, de même que l'activité de l'eau et la température de cristallisation (Tc), tandis que la concentration en solutés augmente.

1. Pour une solution, le *point eutectique* correspond aux conditions de concentration en soluté et de température pour lesquelles il y a cristallisation simultanée des différents constituants du mélange (solutés et solvant). Selon Brake et Fennema (1999), la formation d'un eutectique au cours de la congélation de la viande est peu probable. Les conditions pourraient être réunies en cas de congélation lente, viscosité de la phase liquide faible et solutés en concentration importante. La *transition vitreuse* est le passage d'un comportement visco-élastique à un comportement solide sans cristallisation (état vitrifié). La température à laquelle se produit cette transition liquide-verre est appelée température de transition vitreuse (Tg). La température de transition vitreuse de la phase cryo-concentrée au maximum est notée Tg'. Brake et Fennema (1999) ont récemment mesuré une valeur de Tg' égale à - 12 °C pour de la viande de bœuf, valeur très supérieure aux données antérieures citées par ces mêmes auteurs (- 60 °C et - 40 °C) ou celles rapportées par Torreggiani *et al.* (1999) (- 80 et - 35 °C). Des valeurs de - 20 °C et - 13,5 °C ont également été proposées pour de la viande de porc et de dinde.

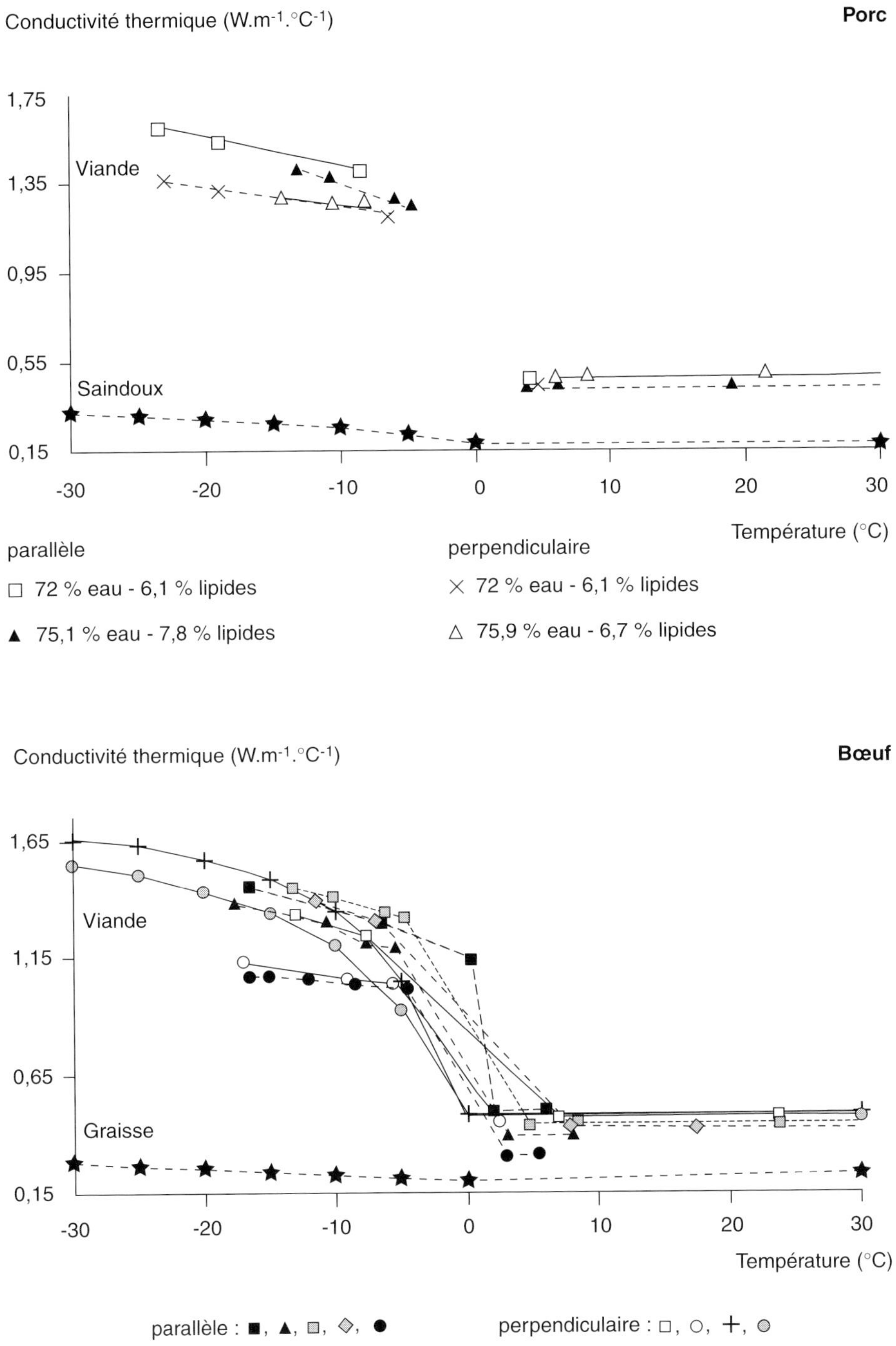

***Figure 3** – Effet de la température sur la conductivité thermique (W.m⁻¹. °C⁻¹) de la viande et la graisse de porc (haut) et de bœuf (bas). L'influence de la direction du flux de chaleur par rapport à l'axe des fibres musculaires est clairement montrée pour la viande de porc (d'après des données issues de la compilation de Morley, 1972).*

Tableau 2 – Pourcentage d'eau congelée et activité de l'eau dans la viande à différentes températures.

Température (°C)	% Eau congelée			Activité de l'eau[3]
	volaille (muscle)[1]	bœuf maigre[1, 2]	poisson (cabillaud)[1, 2]	
– 5	74	74	77	0,953
– 10	83	82	84	0,907
– 15		85	87	0,864
– 20	88	87	89	0,823
– 25				0,784
– 30	89	88	91	0,746

(1) d'après Reidel (1957), cité par Desrosier et Tressler (1977).
(2) IIF (1986).
(3) Leistner et Rodel (1976), cités par Daudin (1988).

La *taille finale des cristaux* dépend à la fois des caractéristiques du produit (composition en soluté ; présence de sel notamment), du taux de nucléation, de la vitesse de croissance des cristaux et de la température finale. Elle est directement liée au régime thermique et donc à la vitesse d'avancement du front de congélation qui sépare les parties du produit en phase de pré-congélation et de congélation. Or, la vitesse d'avancement du front de congélation varie en fonction de la distance à la surface de l'échantillon et en fonction de la quantité de chaleur à extraire à chaque instant, cette dernière évoluant au fur et à mesure que la congélation progresse. Au cours de la conservation du produit congelé, les variations de température provoquent successivement fusion et recristallisation de la glace et conduisent à une augmentation de la taille des cristaux.

Ces différents points sont bien décrits dans différents ouvrages ou articles (Jul, 1984a ; IIF, 1986 ; Daudin, 1988 ; Le Meste et Colas, 1990 ; Mafart, 1991). Les valeurs de conductivité thermique, chaleur spécifique et enthalpie de la viande et de nombreux produits carnés obtenues par différents auteurs ont été rassemblées par Morley (1972) et Polley *et al.* (1980). Des équations dérivées des lois de la thermodynamique ont été proposées pour calculer la température de fusion commençante, la proportion d'eau congelée et les variations d'enthalpie massique, de masse volumique et de conductibilité thermique au cours de la congélation. Ces équations sont détaillées par exemple dans l'ouvrage de Mafart (1991) avec différentes applications numériques portant sur la viande de bœuf.

Vitesse et temps de congélation

Dans la viande en cours de congélation, trois zones peuvent être identifiées selon l'état du système sur le diagramme de phase de l'eau (fig. 1). Dans la première, située au centre du produit, la température est supérieure à Tc et l'eau est encore liquide ; c'est la partie du produit qui en est au stade de pré-congélation. Puis vient le front de congélation qui constitue l'interface entre cette zone et celle qui est le siège de la transformation de l'eau en glace (zone 2). Enfin, dans la zone périphérique, en contact avec l'extérieur, la cristallisation est pratiquement terminée ; dans cette zone périphérique, la température, inférieure à Tc, diminue progressivement (zone 3). En simplifiant, il y a donc changement d'état dans la zone intermédiaire tandis que les zones 1 et 3 sont uniquement le siège d'un abaissement de température. Au fur et à mesure de la congélation, les zones périphériques progressent vers le centre thermique. La cinétique d'abaissement de la température est donc différente d'un point à l'autre du produit et il est difficile d'évaluer globalement la vitesse et le temps de congélation d'un produit. Aussi trouve-t-on dans la littérature de nombreuses définitions de ces paramètres, ce qui rend difficile la comparaison des différentes études.

Selon les auteurs, la *durée de congélation* (min ou h) est :

– le temps écoulé depuis le début du stade de pré-congélation (– 1,5 °C) jusqu'à ce que la température finale soit atteinte (IIF, 1986) ;

– le temps nécessaire pour que la température s'abaisse d'une valeur T1 à une valeur T2 au centre du produit (T1 et T2 variables selon les auteurs) (Daudin, 1988) ;

– le temps nécessaire pour que la température passe de – 1 à – 7 °C au centre du produit (Añón et Calvelo, 1980) ; c'est la définition qu'il convient de retenir car dans cet intervalle de température, qui débute avec la formation des premiers cristaux et termine lorsque environ 80 % de l'eau est à l'état solide, les variations de volume sont les plus importantes et certaines réactions chimiques ou enzymatiques sont favorisées (Valin, 1982 ; Daudin, 1988 ; Devine *et al.*, 1996). Ce temps est souvent appelé *durée nominale, ou temps caractéristique, de congélation*. Les températures finales de – 10 °C (IIF, 1986 ; Mallet, 1994) ou de – 5 °C (Lawrie, 1991 ; Sebranek, 1996) sont parfois utilisées. Le temps caractéristique varie à l'intérieur d'un échantillon ; il est plus important au centre de l'échantillon qu'à sa surface. Par exemple, les temps caractéristiques de congélation de morceaux de viande de porc de longueur 16 cm, largeur 11,5 cm et épaisseur 5 cm, congelés dans des conditions définies dans un appareil expérimental, varient de 7 min à la surface à 21 min au centre (Sanz *et al.*, 1999).

La *vitesse* ou *rapidité de congélation* (°C/h) est le quotient de la différence entre la température initiale et la température finale du produit par la durée de congélation (IIF, 1986). La *vitesse* ou *rapidité de congélation locale* (°C/h), définie en un point donné de l'échantillon, est égale à la différence entre la température initiale et la température finale divisée par le temps mis pour atteindre cette dernière température au point considéré (IIF, 1986 ; Mallet, 1994).

La *vitesse de congélation* (cm/h) est égale au quotient de la moitié de la plus petite distance passant par le centre thermique du produit par la durée nominale de congélation (Jul, 1984a ; Daudin, 1988).

La *vitesse d'avancement du front de congélation* (cm/h) est la vitesse à laquelle le front de glace se déplace à travers le produit. Cette vitesse est plus grande près de la surface que vers le centre (Jul, 1984a ; Mascheroni et Calvelo, 1986 ; IIF, 1986). Le plus souvent, les valeurs reportées pour ce paramètre correspondent à une vitesse moyenne d'avancement du front de congélation, calculée à partir du temps mis par le front de glace pour atteindre le centre thermique. En toute rigueur, ce critère ne devrait servir qu'à comparer des échantillons de mêmes dimensions.

Vitesse et durée de congélation dépendent de la quantité totale de chaleur à extraire, de la température initiale et de la température finale, de caractéristiques du produit comme sa composition, sa masse totale, ses dimensions (épaisseur notamment) et sa structure, de la présence d'un emballage et sa nature et enfin du procédé de refroidissement. Concernant ce dernier point, dans le cas des procédés basés sur un échange thermique superficiel, sont particulièrement importants :

– l'écart entre la température finale du produit et celle du milieu congelant (air, fluide cryogène ou plaques métalliques) ;

– le coefficient de transfert de chaleur entre produit et milieu congelant (tabl. 3). Ce coefficient dépend notamment de la vitesse de circulation du fluide cryogène et de la qualité du contact entre produit et plaques de congélation.

L'importance du procédé de refroidissement, des dimensions du produit et du conditionnement, sur la vitesse de congélation est illustrée par les exemples suivants.

Le temps caractéristique de congélation au centre de steaks de bœuf de 200 g environ ayant une épaisseur de 2 cm perpendiculairement à l'axe de la fibre musculaire est égal à 216 min lors d'une congélation dans un freezer de laboratoire placé à – 14 °C. Il passe à 142 min, lorsque la température de l'appareil est réglée à – 20 °C, et chute à 12,8 min et même à 8,2 min si les steaks sont traités dans un tunnel cryogénique au CO_2 dont la température a été réglée à – 40 ou – 78 °C (Grugíc *et al.*, 1993). Ces temps caractéristiques correspondent à des vitesses de congélation, définies comme le rapport de la distance de la surface au centre thermique sur le temps permettant à la tempé-

***Tableau 3** – Coefficient de transfert de chaleur selon le type de machine frigorifique (d'après Devine* et al.*, 1996).*

Nature du transfert de chaleur	**Coefficient de transfert de chaleur** (W/m².K)
Convection naturelle	2,5
Convection forcée à l'air	10-30
Immersion dans un liquide	> 100
Congélation cryogénique	> 1 000
Congélateur à plaques	infini*

* à condition que le contact entre le produit et la plaque soit idéal.

rature de passer de 0 °C à la surface du produit à – 10 °C au centre thermique, qui varient entre 0,22 et 5,55 cm/h.

Selon James (1996), lors de congélation par air pulsé de pièces relativement grosses, le facteur prépondérant vis-à-vis de la vitesse de congélation est la température de l'air. Ainsi, lorsque cette température passe de – 10 à – 20 °C la durée de congélation de pièces de viande de 15 cm d'épaisseur et emballées dans du polyéthylène, est divisée par deux, tandis que si la vitesse de l'air passe de 0,5 à 5 $m.s^{-1}$, la diminution du temps de congélation n'est que de 29 %.

Le temps de congélation (passage de + 15 °C à – 18 °C au centre du produit) de steaks hachés de bœuf de 80 g (diamètre 100 mm, épaisseur 10 mm) dans un tunnel à congélation à bande en spirale passe de 13 heures environ si les steaks sont conditionnés en cartons contenant 12 paquets de six steaks, à 2 h 45 min par paquets de six, et à 20 min si les steaks sont congelés individuellement sans emballage (Löndahl *et al.*, 1995).

La durée de congélation (passage de 3 à – 15 °C), dans un congélateur à air pulsé réglé à – 17 °C, de morceaux de viande de bœuf (15 × 15 × 58,5 cm) est de 7 heures s'ils ne sont pas emballés, 10 heures s'ils sont emballés avec de la cellophane, 12 heures dans une feuille d'aluminium et 14 h 30 si l'emballage est constitué de polyéthylène (Dunker et Hankins, 1953 cités par Lawrie, 1991).

Différentes équations dérivant de l'équation de Planck permettent de calculer la durée de congélation d'un produit en fonction de ses caractéristiques et de celles de l'installation frigorifique (Duminil et Vrinat, 1988a ; Mafart, 1991 ; IIF, 1986 ; Mannapperuma *et al.*, 1994a,b). Des modèles de prédiction de la durée de congélation ont été établis et les valeurs calculées avec les modèles comparées aux valeurs mesurées dans le cas de carcasses de mouton (Lindsay, 1994), de viande hachée portionnée (Mittal *et al.*, 1993), de viande de porc en morceaux (Sanz *et al.*, 1999), de portions de viande hachée sous forme de boulettes (Tocci et Mascheroni, 1994) ou en portions de dimensions irrégulières (Califano et Zaritzky, 1997).

En pratique, la durée totale de congélation de quartiers de bœuf ou de grosses pièces de viande en cartons de 25 kg environ, réalisée dans des congélateurs à air pulsé, peut difficilement descendre en dessous de 24 heures (James, 1996). Elle peut atteindre, selon la taille des animaux, 20 à 40 min lors de la congélation par aspersion ou par immersion de volailles en carcasses, (Sebranec, 1996) et moins de 10 min pour des échantillons de faible épaisseur avec des systèmes à plaques ou cryogéniques.

Congélation, micro-organismes et réglementation

La conservation des aliments à l'état congelé résulte en premier lieu de l'inhibition de la croissance des micro-organismes. A – 10 °C il y a arrêt de toute multiplication bactérienne, y compris des bactéries psychrotrophes et psychrophiles, à – 12 °C les moisissures cessent de se multiplier et à – 18 °C, les levures. Donc, en dessous de – 18 °C il n'y a plus aucune multiplication de micro-organisme. Cet effet résulte d'une part de la diminution des vitesses de réactions selon la loi d'Arrhénius et d'autre part de la diminution de la quantité d'eau disponible et de son activité. La congélation possède un certain effet assainissant en particulier en ce qui concerne les parasites de la viande qui ne supportent pas la congélation. Les larves de ténias et de trichines (*Trichinella spiralis*) meurent après 1 à 3 semaines à – 18 °C ou lors d'une congélation ultra-rapide jusqu'à – 29 °C (Sebranek, 1982). Le nombre total de micro-organismes tend lui aussi à diminuer, en raison des altérations de la structure liées à la formation des cristaux de glace et à la cryoconcentration des solutés. Si en moyenne 10 % de la population initiale est retrouvée après congélation, le niveau de destruction des micro-organismes dépend de la vitesse de congélation, de la durée et de la température de conservation, de la nature du produit, du micro-organisme considéré (espèce et souche) et de son stade de croissance. La survie cellulaire est meilleure si la congélation est rapide et à – 12 °C qu'à – 18 °C. Les micro-organismes à l'état sporulé, les bactéries gram^{+} et dans l'ensemble, les micro-organismes pathogènes résistent mieux à la congélation que les micro-organismes en phase de croissance et les bactéries gram^{-}. En outre, même quand la viabilité cellulaire est atteinte, certaines enzymes comme les lipases et certaines protéases peuvent continuer à agir et entraîner des altérations de la qualité.

La décongélation représente une étape particulièrement critique vis-à-vis de la qualité hygiénique des produits car l'exsudation à la surface des viandes décongelées favorise le développement microbien. Afin d'éviter ce danger, il est conseillé de cuire la viande sans décongélation préalable quand cela est possible. Un tempérage entre – 5 et – 2 °C permet de réaliser les opérations de broyage, cuttérage, ou malaxage mises en œuvre pour préparer des plats cuisinés ou des charcuteries, tout en préservant leurs qualités hygiéniques. Cette solution présente de plus l'avantage de constituer un gain de temps et une économie financière. Néanmoins lorsque la décongélation du produit avant son utilisation ne peut pas être évitée, il convient de limiter l'élévation de température à la surface du produit. Lors d'opérations bien conduites, les procédés de décongélation participent eux-mêmes à la réduction du nombre de micro-organismes. Cependant, l'impact du mode de décongélation sur la survie des micro-organismes est différent selon l'espèce et même selon la souche considérée (Sage et Ingham, 1998).

Ainsi, même si la maîtrise de la température permet d'éviter la multiplication bactérienne, il faut absolument éviter la contamination des produits. La propreté des matériels et équipements, leur aptitude au nettoyage et la qualité initiale des matières premières sont primordiales. La contamination microbiologique constitue en effet un risque sanitaire majeur en cas de rupture de la chaîne du froid et lors de la décongélation. Les résultats d'une enquête, réalisée en France, montrent en effet que 53 % des intoxications alimentaires collectives étaient liées à un non-respect de la chaîne du froid (Stainer, 1996). Corrélativement, des enquêtes réalisées dans différents pays montrent la présence de contamination microbiologique des carcasses congelées de bovidés (Roberts *et al.*, 1984 ; Vanderlinde *et al.*, 1998 ; Hinton *et al.*, 1998a), de la viande de bœuf hachée (Hinton *et al.*, 1998b), des longes de porc (Kim et Lee, 1998) ou des découpes de poulets (Wang et Huang, 1998), contaminations faibles, mais avec une certaine occurrence de micro-organismes pathogènes.

En résumé, pour prévenir tout risque microbiologique, il convient de ne congeler que des produits sains, de respecter la chaîne du froid et de maîtriser les conditions de décongélation. Aussi, une réglementation concernant l'utilisation de la congélation dans le secteur de l'alimentation humaine a-t-elle été élaborée. Cette réglementation fixe les règles d'hygiène que les professionnels doivent impérativement respecter. L'ensemble des textes réglementaires auxquels doivent répondre les opérateurs de la chaîne du froid est rassemblé dans un ouvrage récent (AFNOR, 1997). Le décret du 21 juillet 1971 (J.O. du 1er août 1971) relatif à l'inspection sanitaire et qualitative des animaux vivants et denrées animales ou d'origine animale et l'arrêté du 26 juin 1974 (J.O. du 31 juillet 1974) relatif à la réglementation des conditions hygiéniques de congélation, conservation et décongélation des denrées animales ou d'origine animale posent la réglementation spécifique à la viande et aux produits d'origine animale. Le respect des dispositions imposées dans le cadre de cette législation donne des résultats globalement satisfaisants. Cependant elle dispense dans la plupart des cas de signaler au consommateur qu'un produit a été congelé, puis décongelé lors d'une opération de transformation. Comme le respect strict des dispositions législatives restreint les possibilités d'innovation technologique, une autre approche est proposée. Dans cette approche, les objectifs, tels que sécurité du consommateur, loyauté des transactions, information et contrôle public, sont fixés par la réglementation, mais les professionnels ont le choix des moyens à mettre en œuvre en procédant à une analyse détaillée des risques à toutes les étapes des procédés de transformation. La méthode HACCP (*Hazard Analysis Critical Control Point*) est alors l'outil imposé (Directive 93/43). Un document d'application, où sont détaillés recommandations et points critiques permettant de mettre en œuvre la démarche HACCP dans le cas des produits congelés et surgelés, a été publié (SNFPSC, 1996). Le guide pratique de la chaîne du froid publié à la suite de l'action concertée CT96-1180 synthétise les informations sur les meilleures pratiques à adopter pour la manipulation des produits surgelés (Fuller, 1999).

Pertes en eau de la viande au cours de la congélation

Lors de la congélation, pendant la conservation et au moment de la décongélation, la viande perd de l'eau par évaporation, sublimation et exsudation. Ces pertes représentent une perte de masse du produit, et donc une perte financière. Elles s'accompagnent généralement d'altérations de la qualité de la viande.

Pertes par évaporation

Les pertes par évaporation ou par sublimation découlent du fait que la pression partielle de vapeur d'eau dans le fluide en contact avec le produit – en général de l'air – est inférieure à celle du produit. Ces pertes sont directement proportionnelles à la surface de contact, à la différence des pressions de vapeur, à la durée du traitement et au coefficient d'échange superficiel de masse (Duminil et Vrinat, 1988b). Ce coefficient dépend, en particulier, de la vitesse de circulation du fluide et de l'état physique du produit.

Lors de la congélation

Les pertes en eau par évaporation lors de la congélation représentent généralement de 0,5 à 1,2 % de la masse du produit et peuvent atteindre 5 %. Elles dépendent fortement des conditions de congélation et notamment, lors d'une congélation mécanique, de la vitesse de l'air, sa température et son humidité relative. Elles sont élevées tant que le produit n'a pas atteint la température de congélation commençante. La congélation sans pré-refroidissement des carcasses encore chaudes, juste après abattage, permet de limiter ces pertes (Lawrie, 1991), mais, lors de la décongélation, se produit alors parfois un durcissement de la viande, notamment dans le cas des bovins et des ovins (cf. p. 39). Il est également possible de procéder à une congélation modulée, c'est-à-dire que les régimes thermiques sont adaptés au stade de congélation. On distingue alors 3 à 5 phases de congélation. Durant la phase de refroidissement d'une congélation modulée en trois phases, vitesse et température de l'air doivent être modérées, afin que l'écart entre les différences de température air – viande et viande – évaporateur soit le plus grand possible. Lors de la phase de cristallisation de l'eau, la vitesse de l'air doit être élevée pour évacuer le plus rapidement possible la chaleur résultant du changement d'état. Enfin, pendant le refroidissement du produit jusqu'à sa température de conservation, la température de l'air doit être très basse. Les gains de poids représentés par la congélation modulée de carcasses par rapport à la congélation classique iraient de 0,2 à 1 % (Rosset *et al.*, 1974). Pour les petites pièces (carcasses de poulets ou découpes de viande), les pertes peuvent être réduites en utilisant un fluide cryogénique (azote liquide par exemple) qui provoque

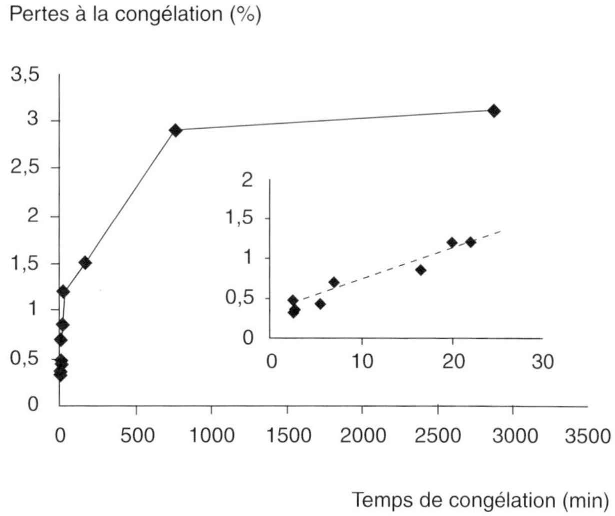

Figure 4 – Influence de la vitesse de congélation sur les pertes par évaporation de steacks hachés, pendant leur congélation. La gamme de vitesses de congélation a été obtenue à l'aide de différents procédés de congélation appliqués au produit (voir texte) (d'après Löndahl et al., *1995).*

un croûtage rapide de la surface du produit. Par exemple, les pertes en eau lors de la congélation de steaks hachés varient généralement entre 1 et 3 % lors d'une congélation mécanique avec de l'air pulsé. Elles passent à 0,3 - 0,7 % avec du froid cryogénique (Sebranek, 1982 ; Duminil et Vrinat, 1988b ; Löndahl *et al.*, 1995) (fig. 4). Inversement, elles atteignent près de 5 % pour des vitesses de congélation faibles obtenues en plaçant les steaks dans une enceinte à – 10 °C, sans circulation d'air (Nusbaum *et al.*, 1983).

Les emballages, en particulier lorsqu'ils sont appliqués étroitement aux produits, permettent de réduire ces pertes de même que l'application d'une couche de gélatine (Marggrander et Hofmann, 1997) ou la présence d'une couche de gras de couverture (IIF, 1986). Un parage important des morceaux les augmente. Par exemple, Devine *et al.* (1996) rapportent que lorsque la couche de gras de couverture est très mince, les pertes d'eau dépassent de plus de 40 % les pertes observées quand la couche est épaisse.

Pendant la conservation à l'état congelé

Au cours de l'entreposage, la glace située à la périphérie du produit se sublime entraînant sa déshydratation superficielle. Cette perte d'eau, favorisée par la ventilation, est proportionnelle à la durée de l'entreposage et à la surface exposée. Elle est plus faible aux basses températures car la pression partielle de vapeur d'eau à la surface du produit croît exponentiellement avec la température. Par exemple, Daudin (1988) rapporte que les pertes subies par des pièces de bœuf, porc et mouton emballées dans des stockinettes passent de 0,15 à 0,7 % par mois quand la température d'entreposage augmente de – 30 à – 10 °C.

Ces pertes augmentent lorsque le produit subit des fluctuations de température qui sont à l'origine de dépôt de givre dans les emballages. Améliorer l'isolation des chambres froides, augmenter l'humidité relative de l'air (HR = 90 % au minimum), recouvrir les planchers de neige et augmenter la charge des locaux contribuent à réduire ces pertes (Rosset *et al.*, 1974).

Emballer les produits permet de réduire de 4 à 20 fois les pertes en eau par évaporation selon la nature de l'emballage (Daudin, 1988). Les matériaux les plus utilisés sont les sacs de jute ou de toile, les stockinettes en coton, le carton, le papier et le plastique. Ce dernier est le plus efficace en particulier quand il est appliqué étroitement au produit. Par exemple, Rosset *et al.* (1974) rapportent que les pertes de quartiers de bovins, proches de 2 % en l'absence d'emballage après un an de conservation, sont ramenées à moins de un pour cent (0,7 à 0,1 %) quand les quartiers sont emballés dans du plastique tandis que les emballages non étanches comme les sacs de jute, stockinettes et emballages en cartons ou papier sont insuffisants. En pratique, les carcasses de viande sont couramment enveloppées dans une pellicule de polyéthylène pour réduire la perte de masse et d'une stockinette dont la fonction est de protéger contre les souillures. Différents types d'emballages comestibles ont également été testés pour protéger les pièces plus petites (Gennadios *et al.*, 1997). Des essais ont été effectués avec des revêtements constitués de dérivés lipidiques (monoglycérides acétylés), des films constitués de dérivés d'amidon, de collagène ou de gélatine, des mélanges à base d'alginates ou de carraghénanes. Jusqu'à présent, aucun des emballages comestibles testés ne s'est révélé totalement satisfaisant en pratique.

Exsudation à la décongélation

L'exsudation est une perte de jus qui se manifeste lors de la décongélation. Elle représente généralement 1 à 5 % de la masse initiale du produit. L'exsudation représente une perte économique quand le produit est vendu décongelé, ce d'autant plus que la présence d'exsudat tend à réduire l'acceptabilité du produit. Elle contribue à la perte en certains nutriments (vitamines du groupe B, protéines sarcoplasmiques, acides aminés libres et dipeptides, bases azotées, nucléosides et nucléotides, sels, ...). Elle constitue également un facteur de risque, car l'exsudat est un milieu particulièrement favorable à la multiplication des micro-organismes.

Les pertes en jus lors de la décongélation dépendent du volume de fluide formé et de la vitesse de migration du fluide de l'intérieur du morceau vers l'extérieur.

Le volume de fluide est déterminé en premier lieu par le pouvoir de rétention d'eau des protéines, caractéristique intrinsèque à la viande sur laquelle influent les traitements antérieurs à la congélation, et les altérations physiques ou chimiques induites par la congélation. L'ampleur de ces altérations dépend notamment de la taille et de la localisation des cristaux de glace.

La vitesse de migration du fluide est conditionnée par la taille et la forme des morceaux, l'orientation des surfaces par rapport à l'axe des fibres musculaires et la présence de gros vaisseaux sanguins. Elle dépend également des dommages physiques causés aux cellules ou au morceau de viande comme les fissures résultant des changements de volume lors de la congélation.

L'exsudation à la décongélation est donc susceptible de varier en fonction des caractéristiques initiales du produit, des vitesses de congélation et décongélation, de la température et de la durée d'entreposage, et du conditionnement.

Influence des caractéristiques du produit

Les pertes en eau à la décongélation sont liées directement au pouvoir de rétention d'eau de la viande. Parmi les facteurs qui influent sur le pouvoir de rétention d'eau de la viande, le pH musculaire joue un rôle prépondérant. Le pouvoir de rétention d'eau est minimal quand le pH est voisin de 5,0 et augmente pour des pH ultimes élevés (Deatherage et Hamm, 1960 ; Hamm, 1960). Pour un morceau de viande donné, il dépend du muscle considéré, des caractéristiques de l'animal dont il provient (âge, alimentation, caractéristiques génétiques, conditions d'abattage, traitements après abattage...) et de facteurs comme la durée et les conditions de maturation.

Dans une même carcasse, les muscles présentent un potentiel à exsuder après congélation notablement variable. Par exemple, le *Longissimus dorsi* perd plus d'eau à la décongélation que le *psoas* aussi bien chez le bœuf et le mouton que chez le porc (Lawrie, 1991). Chez le porc, la congélation ne provoque pas d'exsudation supplémentaire des jambons : les pertes en eau à la décongélation, qui se situent entre 0,2 et 1,8 % selon la qualité de la viande, sont comparables aux pertes en eau observées lors de la conservation à l'état réfrigéré (Jeremiah et Wilson, 1987). Les pertes en eau à la décongélation d'épaules ou de poitrines de porcs exsudatifs ne sont pas significativement différentes de celles mesurées sur la viande réfrigérée, mais elles tendent à être plus faibles quand les morceaux congelés sont issus de viande normale ou à coupe sombre. Par contre, congélation et décongélation des longes provoquent une exsudation particulièrement importante si la viande est exsudative (pertes en eau de 4 % pour la viande fraîche et de 14 % pour la viande congelée) ou normale (de 1,9 à 10,3 %), et moindre dans le cas de viande à coupe sombre (de 1,5 à 3,7 %). La maturation[2] des muscles avant leur congélation se traduit notamment par une augmentation du pouvoir de rétention d'eau des protéines (Hamm, 1960) qui s'accompagne d'une diminution de l'exsudation à la décongélation. Le volume d'exsudat du muscle *semi-membranosus* de bovins diminue (12,4 à 7,8 %) quand la durée de maturation précédant la congélation passe de 2 à 6 jours (Añon et Calvelo, 1980). D'une manière générale, lorsque le pH ultime est élevé, le pouvoir de rétention d'eau de la viande est accru et le potentiel de la viande à exsuder lors de la décongélation réduit. Charpentier et Jacquet (1970) ont même noté, pour des jambons possédant des pH supérieurs à 6,4, une augmentation du poids après décongélation qui allait jusqu'à 0,9 %. Lorsque les muscles sont désossés à chaud, les pertes en jus à la décongélation augmentent lorsque la température à laquelle s'établit la *rigor* passe de 0 à 35 °C, alors que le pH est minimal pour une température de *rigor* située entre 10 et 25 °C (Farouk et Swan, 1998a). La stimulation élec-

2. La maturation de la viande constitue la phase d'évolution *post mortem* survenant après l'installation de la *rigor mortis*. Après la *rigor*, le muscle est progressivement dégradé par une suite de processus chimiques et biochimiques au cours desquels s'élaborent une grande partie des qualités organoleptiques de la viande, tendreté et flaveur plus particulièrement.

trique ne modifierait pas les pertes à la décongélation (Farouk et Swan, 1998a). Une fois le pH ultime de la viande de bœuf atteint, son potentiel à exsuder pourrait encore diminuer pendant une étape de pré-conditionnement à l'état réfrigéré pendant quelques jours (Lawrie, 1991). Enfin, l'apport de vitamine E à des doses supranutritionnelles (100 à 500 mg/kg aliment) permet de réduire l'exsudation, dans le cas du porc notamment (Asghar *et al.*, 1991 ; Cheah *et al.*, 1995). Cet effet résulterait de la stabilisation par la vitamine E des membranes cellulaires et d'une inhibition de l'activité de la phospholipase A_2, limitant l'hydrolyse et la déstructuration des membranes.

La découpe et le hachage de la viande favorisent l'exsudation, ceci en raison de l'augmentation du rapport surface/volume, paramètre qui dépend également de la forme des morceaux. Les grosses pièces comme les carcasses possèdent un rapport surface/poids très faible, ce qui limite les vitesses de transferts de matière et de chaleur ainsi que l'exsudation. A l'opposé, la viande hachée est très sensible à ce phénomène et l'utilisation d'un emballage approprié, étanche à l'oxygène et étroitement appliqué au produit, est alors particulièrement recommandée. La présence de la peau sur les carcasses de volailles constitue également un frein à l'écoulement du jus, mais elle ralentit les transferts de chaleur avec l'extérieur et donc les vitesses de congélation et décongélation. Enfin, quand la viande est piécée, l'orientation des fibres musculaires par rapport à l'axe principal du morceau, ou la présence de vaisseaux sanguins, peut favoriser l'écoulement du jus et ainsi influencer l'ampleur des pertes à la décongélation.

Vitesse de congélation et exsudation

Il est couramment admis que plus la congélation est effectuée rapidement, moindres seront les détériorations induites par le procédé et meilleures seront les qualités du produit lors de son utilisation ou de sa consommation. Dans le cas de la viande et des produits carnés, la situation n'est pas aussi claire, et les résultats concernant l'effet de la vitesse de congélation sur la qualité de la viande, et en particulier sur les pertes en jus à la décongélation, semblent contradictoires. Cette situation résulte probablement en grande partie du fait que, globalement, la congélation est un excellent moyen de préserver les qualités de la viande et que, dans la majorité des cas, la qualité d'une viande qui a été congelée est proche de celle d'une viande fraîche. Il est également très difficile de comparer entre eux les travaux qui ont été effectués dans ce domaine en raison de la diversité des conditions opératoires et des modes d'expression des résultats, notamment en ce qui concerne la vitesse ou le temps de congélation, et les caractéristiques initiales des produits étudiés.

Pour les vitesses de congélation utilisées généralement dans la pratique industrielle, la variabilité individuelle relative à la quantité de jus exsudé, conjointement avec les conséquences des conditions de conservation (température de stockage et ses fluctuations) l'emportent le plus souvent sur l'impact de la vitesse de congélation proprement dite (Jul, 1984a ; James *et al.*, 1984 ; Daudin, 1988 ; Ngapo *et al.*, 1999a). Cependant, divers travaux sur le sujet viennent en apparence contredire cette conclusion. Ils montrent que la quantité d'exsudat varie avec la vitesse de congélation et mettent en évidence la présence d'un, voire de plusieurs pics d'exsudation pour des vitesses de congélation particulières (voir les compilations de Jul, 1984a ; Lawrie, 1991 ; Ngapo *et al.*,1999a). Ces résultats sont étayés par des travaux portant sur la localisation et la croissance des cristaux de glace et les détériorations physiques et chimiques qu'elles induisent (voir, par exemple, les synthèses de Fennema, 1975 ; Tarrant, 1982 ; Lawrie, 1991 ; Reid, 1994 ; Sahagian et Goff, 1996 ; l'article de Ngapo *et al.*, 1999b et les références incluses). Les conclusions de ces travaux, résumées ci-après et schématisées sur la figure 5, sont interprétées au regard de leurs conséquences possibles sur l'exsudation. Les conséquences sur les autres caractéristiques qualitatives de la viande (jutosité, tendreté, flaveur, couleur) sont décrites dans les chapitres correspondants.

Dans le muscle congelé *ante rigor*, les cristaux de glace se formeraient surtout à l'intérieur des cellules quelle que soit la vitesse de congélation, d'une part parce que la quantité de liquide extracellulaire est faible et d'autre part en raison d'une liaison efficace de l'eau aux protéines, ce qui limiterait la migration de l'eau vers les espaces extracellulaires lors de la congélation. Ceci, en l'absence de phénomène de rigidité de décongélation, réduirait l'exsudation lors de la décongélation des viandes congelées *ante rigor*. Lors de la maturation de la viande, une partie du liquide cellulaire migre vers les espaces extracellulaires. Aussi, dans le muscle congelé *post rigor*, les cristaux de glace se forment à la fois à l'intérieur et à l'extérieur des cellules dans des proportions et avec des vitesses de nucléation et de croissance qui dépendent de la vitesse de congélation. Cette dernière détermine donc à la fois localisation et taille des cristaux (Bevilacqua *et al.*, 1979 ; Bevilacqua et Zaritzky, 1980 ; Rahelić *et al.*, 1985a,b ; Grujić *et al.*, 1993 ; Sanz *et al.*, 1999). Les cristaux de glace déforment les fibres musculaires et créent des espaces irréguliers entre et au sein des fibres, ce d'autant plus que les cristaux sont de grande taille. La vitesse de congélation pourrait ainsi influer sur les détériorations cellulaires et sur la quantité d'exsudat drainé lors de la décongélation. Les quelques études portant sur l'effet de la congélation sur l'ultrastructure du tissu musculaire font apparaître de grandes distorsions des structures cellulaires des muscles congelés quelle que soit la vitesse de congélation (temps caractéristiques de congélation variant entre 12 min et plus de 900 min) (Ngapo *et al.*, 1999b,c). Néanmoins, les modifications de l'ultrastructure après décongélation semblent très limitées, à moins de cycles de congélation/décongélation répétés ou d'une température de conservation relativement élevée et instable (fluctuations entre – 10 et – 3 °C) (Carroll *et al.*, 1981 ; Ngapo *et al.*, 1999b,c).

Pour des vitesses de congélation faibles les premiers cristaux de glace se forment dans le liquide extracellulaire, moins concentré que le milieu intracellulaire (fig. 5a). La concentration saline du milieu extracellulaire augmente donc, et le gradient de pression osmotique ainsi établi permet la diffusion de l'eau à travers la membrane cellulaire de l'intérieur de la cellule vers l'extérieur. Les cristaux extracellulaires grossissent donc tandis que la concentration en sels à l'intérieur de la cellule augmente. Cette cryoconcentration de la fraction non congelée du milieu intracellulaire entraîne des changements de pH, force ionique, viscosité, activité de l'eau et potentiel rédox qui peuvent provoquer la

Figure 5 – Représentation schématique de l'effet de la vitesse de congélation, du temps de conservation à l'état congelé et de fluctuations de la température de conservation sur la localisation et la taille des cristaux de glace (❄), les pertes par exsudation lors de la décongélation et sur la jutosité de la viande.

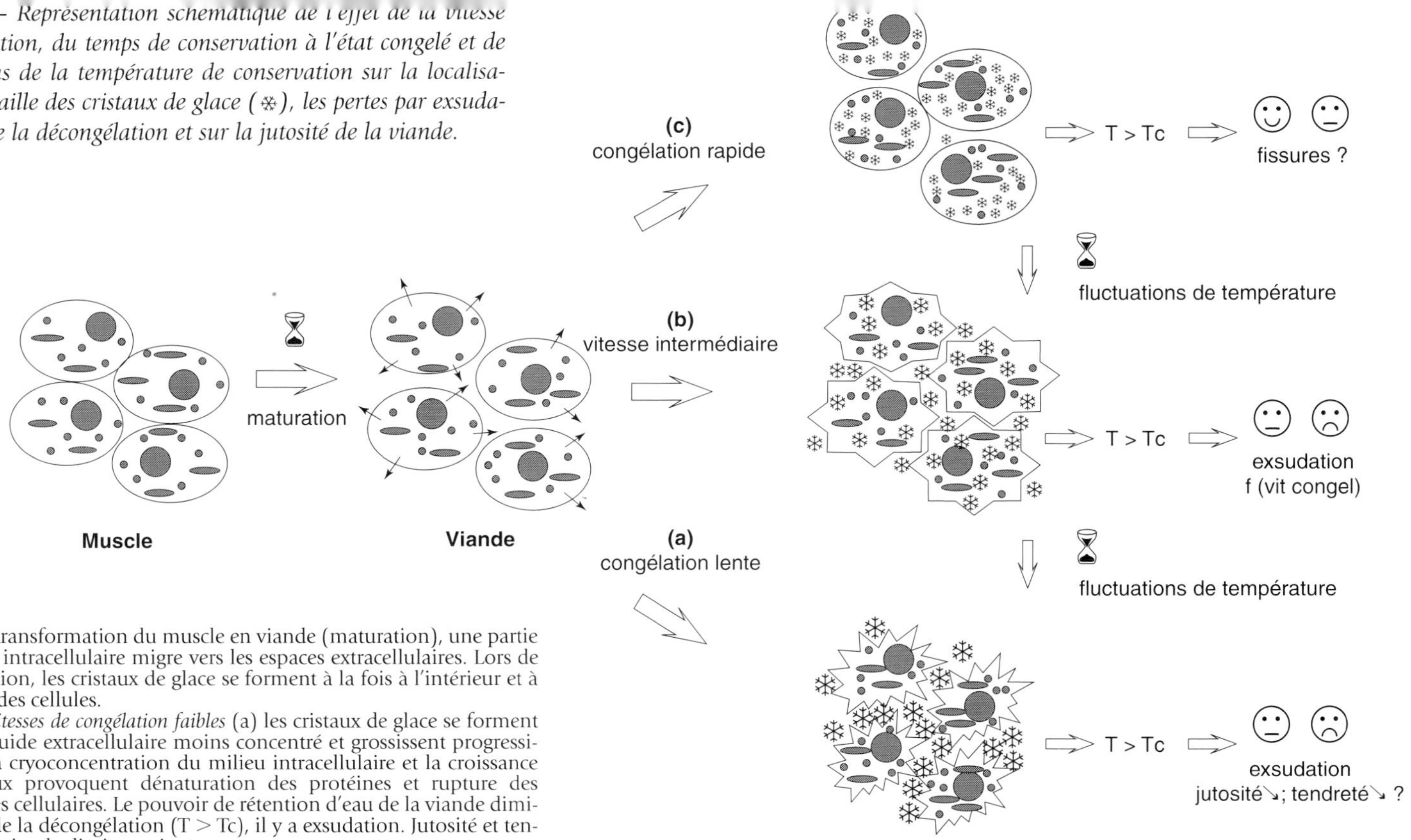

Lors de la transformation du muscle en viande (maturation), une partie du liquide intracellulaire migre vers les espaces extracellulaires. Lors de la congélation, les cristaux de glace se forment à la fois à l'intérieur et à l'extérieur des cellules.

Pour des *vitesses de congélation faibles* (a) les cristaux de glace se forment dans le liquide extracellulaire moins concentré et grossissent progressivement. La cryoconcentration du milieu intracellulaire et la croissance des cristaux provoquent dénaturation des protéines et rupture des membranes cellulaires. Le pouvoir de rétention d'eau de la viande diminue. Lors de la décongélation (T > Tc), il y a exsudation. Jutosité et tendreté de la viande diminueraient.

Pour les *vitesses de congélation intermédiaires* (b), la glace se forme à la fois à l'intérieur et à l'extérieur des cellules. Les dommages affectant les tissus sont importants. La quantité d'exsudat dépendrait directement de la vitesse de congélation.

Pour les *vitesses de congélation élevées* (c), la cristallisation a lieu essentiellement à l'intérieur des cellules. Des nombreux cristaux de petite taille sont formés. La dénaturation des protéines serait limitée ainsi que les conséquences sur la quantité d'exsudat, la jutosité et la tendreté de la viande. La congélation ultra rapide peut cependant provoquer des fissures qui favoriseraient l'écoulement de jus lors de la décongélation.

Les cristaux grossissent progressivement avec la durée de stockage, ce d'autant plus que la température fluctue et le pouvoir de rétention d'eau de la viande diminue au contraire de la quantité d'exsudat à la décongélation.

Pour les vitesses de congélation industrielles, la variabilité individuelle relative à la quantité de jus exsudé et les conséquences de la durée de stockage et des fluctuations de température l'emportent généralement sur l'impact de la vitesse de congélation proprement dite (voir texte).

la dénaturation[3] des protéines myofibrillaires (Deatherage et Hamm, 1960). Il en résulterait une diminution de leur pouvoir de rétention d'eau. En même temps, la dénaturation de protéines membranaires provoque une destructuration des membranes cellulaires, contribuant à la libération d'eau hors du milieu cellulaire. En fin de congélation, les cristaux de glace sont peu nombreux, de grande taille et localisés à l'extérieur des cellules. Ils provoquent des déformations importantes des cellules allant jusqu'à la rupture mécanique des membranes. Lors de la décongélation, une partie de l'eau qui provient de la fusion des cristaux de glace n'est pas réabsorbée par les cellules, ce qui provoque l'exsudation. Les conditions seraient réunies pour que cette croissance extracellulaire des cristaux de glace se produise lors de « congélations lentes » correspondant à une vitesse d'avancement du front de congélation inférieure à 0,1 ou 0,2 cm/h (Sebranek, 1982 ; Grujić *et al.*, 1993 ; Mandigo et Osburn, 1996), un temps caractéristique de congélation supérieur à 23 min (Bevilacqua *et al.*, 1979 ; Bevilacqua et Zaritzky, 1980) ou pour une vitesse de congélation inférieure à 1 °C/min (Fennema, 1975). Dans ces conditions, la quantité d'exsudat ne dépend pas de la vitesse de congélation (Añon et Calvelo, 1980 ; James *et al.*, 1984) (fig. 6).

Pour les vitesses de congélation intermédiaires (0,2 à 1 cm/h), la glace se forme à la fois à l'intérieur et à l'extérieur des cellules (fig. 5b). Les dommages affectant les tissus seraient alors particulièrement importants et la quantité d'exsudat serait maximale. Par exemple, lorsque la durée de congélation de longes de porc passe de 36 à 24 heures, soit des vitesses de congélation de l'ordre de 0,2 à 0,3 cm/h, le volume d'exsudat diminue significativement (5,5 % à 4,7 %), une vitesse plus grande n'entraînant pas d'amélioration notable (Stöier et Borup, 1995). Añon et Calvelo (1980) parlent d'un pic de production d'exsudat pour des durées de congélation comprises entre 15 et 20 minutes, soit 0,6 à 1 cm/h, tandis que Rahelìc *et al.* (1985b) notent des dommages importants pour des échantillons de *Longissimus dorsi* de bœuf congelés à – 22 °C comparés aux échantillons congelés à – 10 ou – 78 °C. De telles vitesses de congélation peuvent être observées dans le cas de la congélation de portions individuelles dans des congélateurs à plaques (James *et al.*, 1984). Néanmoins, l'analyse des données de Añon et Calvelo (1980) ne permet pas de mettre en évidence de pic d'exsudation aussi marqué que ce qui est indiqué dans leur publication (fig. 6). Ceci va dans le sens des résultats obtenus par James *et al.* (1984) selon lesquels il n'y a pas d'effet significatif de la vitesse de congélation, pour des temps de congélation (passage de 0 à – 7 °C) variant de 2 à 70 min, mais une grande dispersion des résultats, même dans un même muscle, liée, selon eux, à la variabilité du matériel avant congélation. Plus récemment Ngapo *et al.* (1999a,c) ont conduit des expérimentations sur des cylindres de *Biceps femoris* de porc (longueur : 70 mm dans le sens des fibres musculaires ; diamètre : 10 mm). Ces auteurs n'ont observé d'effet significatif de la vitesse

3. Les protéines à l'état « natif » possèdent une structure tridimensionnelle définie qui leur confère des propriétés et activités spécifiques (activité enzymatique, solubilité, ...). La *dénaturation* d'une protéine consiste en une modification de cette structure tridimensionnelle sous l'effet d'agents chimiques ou physiques (pH, température, ...). Elle conduit à des modifications de leurs propriétés, voire à la perte de leur activité.

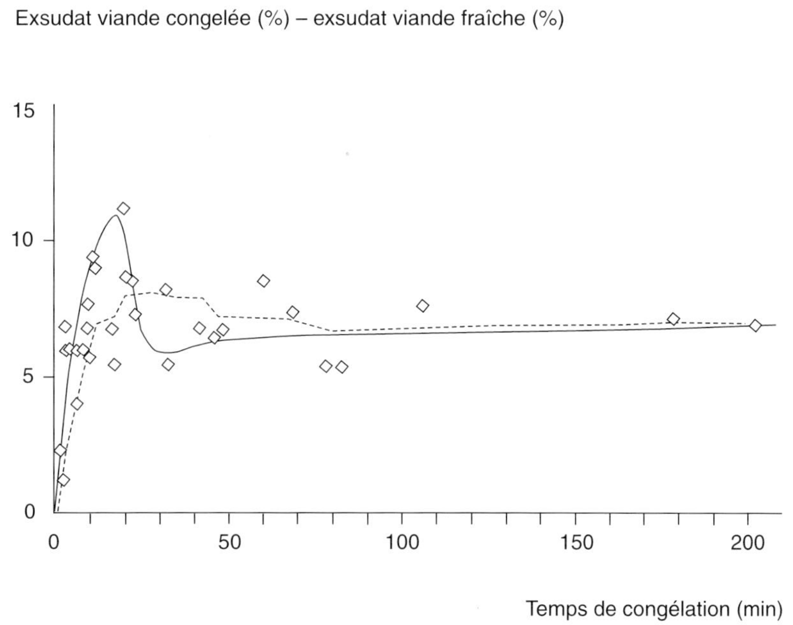

Figure 6 – Effet de la vitesse de congélation sur la quantité d'exsudat produit lors de la décongélation de viande de bœuf. Dans cette expérience, l'exsudat était obtenu par centrifugation des échantillons décongelés, et comparé à la quantité d'eau extraite par le même procédé de viande non congelée.
(——) : courbe tracée par Añon et Calvelo (1980) ; (- - -) : courbe de tendance obtenue à partir des mêmes données.

de congélation sur la quantité de jus extrait par centrifugation de la viand décongelée que lorsque la viande était décongelée juste après sa congélation, donc sans conservation à l'état congelé. Ils n'ont pas non plus mis en évidence de dénaturation des protéines du fait de la congélation, que la dénaturation soit évaluée par la comparaison des profils électrophorétiques des protéines du jus, ou par analyse thermique différentielle, au contraire des conclusions d'autres auteurs (Wagner et Añon, 1985, 1986a,b ; Petrović *et al.*, 1993).

Pour les vitesses de congélation élevées (1 à 10 cm/h), la cristallisation a lieu essentiellement à l'intérieur des cellules (fig. 5c) car la vitesse de migration des fluides intracellulaires et la cryoconcentration ne sont pas suffisantes pour contrebalancer le sur-refroidissement lié à la chute rapide de température. De nombreux cristaux de petite taille sont formés dont le nombre, la taille et la forme dépendent de la vitesse de congélation. Dans ces conditions, la dénaturation des protéines serait limitée (Deatherage et Hamm, 1960). En 1972, l'IIF (Institut International du Froid) considérait que ces conditions étaient réunies (« congélation rapide ») pour des vitesses comprises entre 0,5 et 3 cm/h (cité par Bevilacqua et Zaritzky, 1980). Considérant les conséquences sur la structure de la viande, la quantité d'exsudat, la solubilité des protéines musculaires et la tendreté de la viande cuite, certains auteurs recommandent des vitesses de congélation comprises entre 2 et 5 cm/h (Grujić *et al.*, 1993 ; Petrović *et al.*, 1993 ; Mandigo et Osburn, 1996). Pour les volailles, une vitesse de migration du front de congélation supérieure à 1 cm/h est recommandée, quoique les effets de la vitesse de congélation ne soient pas flagrants (Sebranek, 1996). Selon Añon et Calvelo (1980), un temps caractéristique de congélation inférieur à 5 minutes serait requis pour limiter l'exsudation de la viande de bœuf (fig. 6) et Sanz *et al.* (1999) recommandent un temps caractéristique inférieur à 7 min dans le cas de la viande de porc. Dans ces conditions, ces derniers auteurs ont observé beaucoup de petits cristaux intracellulaires et rapportent avoir obtenu ainsi une viande de qualité optimale. Ces vitesses de congélation sont difficiles à atteindre dans les pièces d'une certaine dimension avec les procédés de congélation basés sur l'établissement d'un gradient thermique, même lors d'une congélation dans l'azote liquide (Sanz *et al.*, 1999). Par contre, elles sont atteintes avec la congélation cryogénique de produits de petites dimensions tels que des steaks hachés individuels, des côtes de porc, des escalopes. Quand la vitesse de congélation est supérieure à 10 cm/h, on parle de congélation ultra-rapide. Les atteintes faites à l'intégrité du tissu musculaire seraient alors minimales à condition que la température au sein du produit reste supérieure au point eutectique (Petrović *et al.*, 1993), des altérations accrues des protéines pouvant alors se produire (Buttkus, 1970). Il convient néanmoins de s'assurer que ces conditions de congélation ultra-rapide ne provoquent pas de déchirures ou fissures qui favoriseraient l'écoulement de jus lors de la décongélation. Ce risque, qui existe lors d'une congélation trop brutale, ne doit pas être négligé, en particulier quand l'épaisseur ou la forme des échantillons favorise l'établissement d'un fort gradient de température et génère donc des tensions au sein de l'échantillon liées aux modifications de volume (Kim et Hung, 1994).

Dans les procédés industriels de congélation, en particulier pour les pièces de grande taille, la cinétique de congélation varie selon la localisation du point considéré dans l'échantillon : la congélation n'est pas homogène. Ainsi, Sanz *et al.* (1999) ont-ils mesuré, pour des morceaux de viande de porc (16 × 11,5 × 5 cm), un temps caractéristique de congélation de 7 min à la surface et des cristaux intracellulaires de petite taille (3,03 µm en moyenne). En situation intermédiaire (temps caractéristique : 14 min), des cristaux intracellulaires plus gros (5,6 µm) cohabitaient avec des cristaux extracellulaires (11,3 µm en moyenne). Enfin, au centre du morceau de viande (temps caractéristique : 21 min) les cristaux à la fois intracellulaires et extracellulaires étaient de grosse taille (11,4 µm et 18,1 µm). Cet exemple illustre le fait qu'il est difficile d'éliminer complètement les risques d'altérations liés à la taille des cristaux et à la cryoconcentration des solutés dans la totalité du volume d'un morceau de viande, quand la congélation procède de transfert thermique au sein du produit. Pour pallier cette difficulté, la technique de congélation haute pression semble prometteuse (Kalichevsky *et al.*, 1995 ; Le Bail *et al.*, 1997 ; Martino *et al.*, 1998). Cette technique est basée sur le fait qu'en augmentant la pression (200 MPa maximum), la température de changement d'état de l'eau en glace diminue, ce qui permet, lors d'une phase de détente à basse température, un sous-refroidissement uniforme dans le volume du produit et une initiation homogène de nombreux nuclei. Par la suite, l'opération de congélation est poursuivie à pression ambiante, mais elle ne nécessite pas une grande puissance frigorifique car, les nuclei étant nombreux, la cinétique d'abaissement de la température peut être moins rapide que dans un procédé classique. Les essais qui ont été effectués avec cette technique font apparaître une diminution du volume d'exsudat (Le Bail *et al.*, 1997). Par contre, des problèmes de brunissement de la viande dus à la dénaturation et à l'oxydation de la myoglobine (Goutefongea *et al.*, 1995), de flaveur liés à l'oxydation des lipides, et de texture résultant de dénaturations des protéines peuvent être favorisés par les hautes pressions (voir sur le sujet la synthèse effectuée par Cheftel et Culioli en 1997).

Influence de la température et de la durée d'entreposage

Quand la viande congelée est conservée à température constante, les cristaux grossissent progressivement avec la durée de stockage. En parallèle, le pouvoir de rétention d'eau de la viande diminue et la quantité d'exsudat à la décongélation augmente. Dénaturation des protéines et atteintes mécaniques à l'intégrité des cellules sont probablement à l'origine de cette évolution. L'augmentation de la taille des cristaux de glace, appelée maturation d'Ostwald, résulte du fait que l'énergie de surface des cristaux est d'autant plus grande que leur taille est petite. Comme le système tend à évoluer spontanément vers l'état d'énergie le plus bas, obtenu pour un rapport surface/volume des cristaux faible, les plus gros cristaux grossissent spontanément au détriment des petits. Ils croissent jusqu'à atteindre un diamètre maximal, ou diamètre limite qui serait de 61 µm dans le cas de la viande de bœuf (Martino et Zaritzky, 1988). Cette limite est atteinte au bout d'un temps qui dépend de la température de stockage et de la taille initiale des cristaux, et donc de la vitesse de congélation (Bevilacqua et Zaritzky, 1982). A température de conservation constante, si le diamètre initial des cristaux est de l'ordre de 30 µm, la taille limite est atteinte en environ 88 jours à – 20 °C, 40 jours à – 10 °C et moins de 25 jours à – 5 °C. Pour un diamètre initial proche de 50 µm, ce ne sont plus que 65, 30 et 19 jours qui sont nécessaires (Martino et Zaritzky, 1988).

Lorsque la température d'entreposage fluctue, ce phénomène est amplifié car il y a successivement fonte, puis recristallisation de la glace, toujours au profit des cristaux les plus gros. A – 18 °C, lorsque la température fluctue sur une plage de 2 °C, environ 1,2 % de l'eau fond et recristallise. A – 12 °C, c'est plus de 2,5 % de l'eau qui subit ces changements d'état (Sebranek, 1996). Or, dans les conditions habituelles de conservation des produits congelés, la température de l'air dans une chambre froide fluctue sur une amplitude comprise entre 4 et 8 °C (Kennedy, 1999). Ces fluctuations de la température d'entreposage accentuent la croissance des cristaux et l'augmentation du volume d'exsudat à la décongélation. Cela a conduit Martino et Zaritzky (1988) à recommander de congeler la viande à une température proche de la température d'entreposage, les avantages, vis-à-vis de l'exsudation, d'une congélation rapide étant en grande partie perdus si la viande est portée à basse température, puis ramenée progressivement à la température de conservation.

L'augmentation de l'exsudation au cours de la conservation des viandes congelées est bien constatée en pratique. Par exemple, après 4 mois de conservation à – 20 °C sous vide, les pertes à la décongélation de long dorsal de porc sont de 1,2 %, et celles de faux filet de bœuf ou de taurillon de 4,2 et 2,2 % respectivement (Valin *et al.*, 1971). Elles augmentent avec la durée d'entreposage pour atteindre, au bout de 16 mois, 4,7 % du poids frais dans le long dorsal, et plus de 8 % dans les faux-filets de bœuf et de taurillon. Les cas où l'effet de la durée d'entreposage sur l'exsudation à la décongélation se révèle faible, voire inexistant, résultent probablement de conditions de congélation (vitesse faible) telles que l'exsudation était importante dès le début du stockage. Quand les produits sont congelés rapidement, la quantité d'exsudat produite lors de la décongélation augmente au cours de la conservation, pour atteindre une valeur identique à celle observée lorsque la décongélation suit immédiatement une congélation lente, tandis que si la congélation a été effectuée lentement, la quantité d'exsudat n'évolue plus (Ngapo *et al.*, 1999a).

Influence du procédé de décongélation

La décongélation ne doit pas être trop lente, de manière à limiter la durée de séjour dans la zone d'instabilité chimique de la viande (0 °C à – 5 °C). En effet, à ces températures, phénomènes de dénaturation des protéines et activités enzymatiques sont favorisés. Il est donc généralement recommandé de décongeler le plus rapidement possible, ce d'autant plus, qu'une décongélation lente favorise la recristallisation et les risques inhérents. Comme les résultats relatifs à l'influence de la vitesse de congélation, ceux portant sur l'influence de la vitesse et du mode de décongélation sur l'exsudation et sur la qualité de la viande sont en apparence contradictoires. La décongélation ne doit en effet pas être trop rapide de manière à permettre la réabsorption d'eau par la cellule au fur et à mesure de la fusion des cristaux de glace (Gonzalez-Sanguinetti *et al.*, 1985). Par exemple, James *et al.* (1984) ont observé les pertes les plus faibles à la décongélation pour des temps de décongélation (passage de – 7 à 0 °C au centre du produit) proches de 400 min tandis que les pertes étaient particulièrement importantes pour des temps de décongélation inférieurs à 5 min obtenus par décongélation par les micro-ondes, ou supérieurs à 2 000 min lors de décongélation à l'air ambiant. Par contre, selon Gonzalez-Sanguinetti *et al.* (1985), la quantité d'exsudat augmente avec la durée de décongélation tant que celle-ci, représentée par le passage de – 5 à – 1 °C, n'a pas atteint 60 min. Au-delà, ils n'observent plus d'effet de la vitesse de décongélation. Là encore, dans ces deux exemples, des différences importantes dans les conditions expérimentales, taille des échantillons notamment, sont à relever.

Concernant le choix du procédé de décongélation, il est souvent rapporté que la décongélation aux micro-ondes, par chauffage ohmique ou diélectrique ou par haute pression permettrait à la fois de diminuer le temps de décongélation et de réduire l'exsudat (Durosset, 1993 ; Kalichevsky *et al.*, 1995 ; Devine *et al.*, 1996). Certains travaux semblent cependant contredire cette idée, en ce qui concerne l'utilisation des micro-ondes tout au moins. Moody *et al.* (1978) ont mesuré une exsudation de 9,2 % pour des rôtis de bœuf décongelés aux micro-ondes alors qu'elle n'était que de 4 à 5 % pour les autres modes de décongélation. James *et al.* (1984) ont également conclu à une augmentation des pertes par exsudation lors d'une décongélation par micro-ondes. Pour leur part, travaillant sur des morceaux de *semitendinosus* de bœuf, Ambrosiadis *et al.* (1994) ont observé un volume d'exsudat identique (5,7 % environ) que la décongélation ait été pratiquée à 18 °C dans l'air ou sous CO_2 ou dans un four à micro-ondes tandis que le volume d'exsudat était maximal (7,7 %) quand la viande était décongelée à 4 °C et réduit (3,7 %) lors d'une décongélation dans de l'eau à 16 °C. Enfin, les quantités d'exsudat produites lors de la décongélation de steaks de *semi-membranosus* et *Longissimus dorsi* de bœuf étaient les plus importantes lors d'une décongélation à l'air, les décongélations aux micro-ondes ou dans un réfrigérateur donnant des résultats identiques (Mitchell *et al.*, 1991).

Ces apparentes contradictions résultent probablement en partie du fait que la vitesse optimale de décongélation dépend directement de la vitesse à laquelle la viande a été congelée. Une congélation rapide nécessite une décongélation rapide, tandis que congélation et décongélation lentes devraient être associées (Ambrosiadis *et al.*, 1994). L'association d'une congélation lente avec une décongélation rapide est particulièrement désastreuse du point de vue des pertes à la décongélation. Les pertes importantes observées par James *et al.* (1984) et Moody *et al.* (1978) lors de la décongélation de grosses pièces de viande par les micro-ondes résultent sans doute pour une part de ce fait, mais, peut-être également du fait que la décongélation aux micro-ondes n'est pas homogène au sein du produit. En effet, la puissance du rayonnement diminue exponentiellement de la surface vers l'intérieur du produit et la chaleur dissipée localement varie fortement du fait de la géométrie, de la composition chimique locale et de la teneur en glace (J.D. Daudin, comm. pers.).

Emballage et exsudation

En plus de ses effets positifs à l'endroit des pertes par évaporation lors de la congélation et pendant la conservation à l'état congelé, l'emballage de la viande congelée permet de limiter les pertes par exsudation. Pour les grosses pièces ou les quartiers de viande, la nature de l'emballage influerait peu sur les pertes par exsudation (Jeremiah, 1980 ; Gokalp *et al.*, 1978). Par contre, l'emballage de côtes de porc dans des feuilles de papier aluminium réduit à moins de 3 % la quantité d'exsudat lorsque la viande est conservée 6 jours à 2 °C après un stockage à – 30 °C pendant 196 jours (Jeremiah, 1982). Or, cette valeur de 3 % d'exsudat dans l'emballage, qui correspondrait au seuil d'acceptabilité des produits, est dépassée pour les autres emballages testés (feuilles de plastique perméable à l'oxygène, papier à congélation, sacs de polyéthylène). Dans le cas des viandes hachées, l'influence de la nature de l'emballage sur l'exsudation à la décongélation est très marquée. La quantité d'exsudat augmente avec la durée du stockage quel que soit l'emballage mais elle est la plus faible lorsque la viande est emballée sous vide dans un emballage étanche à l'oxygène. Légèrement plus importante quand la viande est emballée avec des matériaux étanches à l'oxygène (feuille d'aluminium ou plastique aluminisé) sans vide d'air, elle est maximale avec des matériaux perméables à l'oxygène (PVC ou polyéthylène) (Bhattacharya *et al.*, 1988a ;

Brewer et Harbers, 1991). Par exemple, l'exsudat qui se forme lors de la décongélation de viande hachée de porc représente de 2,5 à 5 % après 13 semaines de conservation à – 17 °C selon la nature de l'emballage. Il atteint 7 à 9,5 % au bout de 39 semaines, les valeurs les plus faibles étant observées quand la viande est emballée sous vide (Brewer et Harbers, 1991). Ces observations concordent avec celles montrant la moindre évolution du pouvoir de rétention d'eau et des odeurs et flaveurs rances dans les produits emballés sous vide.

Congélation, pertes en jus à la cuisson et rendements à la transformation

Parmi les traitements que peut subir la viande préalablement à sa consommation, la cuisson est une étape presque incontournable, puisque les produits carnés sont consommés dans leur quasi-totalité après une cuisson industrielle ou ménagère.

Là encore, les résultats quant aux effets de la congélation sur les pertes en eau des viandes au cours de la cuisson divergent à la fois du fait de différences dans les caractéristiques initiales des produits et dans les traitements appliqués, conditions de cuisson particulièrement. En effet, les différences potentielles de rendement à la cuisson entre viande fraîche et viande congelée finissent par être complètement gommées quand le traitement thermique est poussé car les modifications de structure liées à la congélation deviennent négligeables devant celles induites par le chauffage. Dans les expériences conduites par Laroche (1981), il n'y a plus d'influence de la congélation sur les pertes au chauffage quand l'échantillon est chauffé au-delà de 60 °C alors qu'après un traitement thermique plus modéré les pertes observées avec la viande congelée sont significativement plus importantes qu'avec la viande fraîche (fig. 7). Néanmoins, dans cet exemple notamment, les différences entre viande fraîche et viande congelée restent modestes.

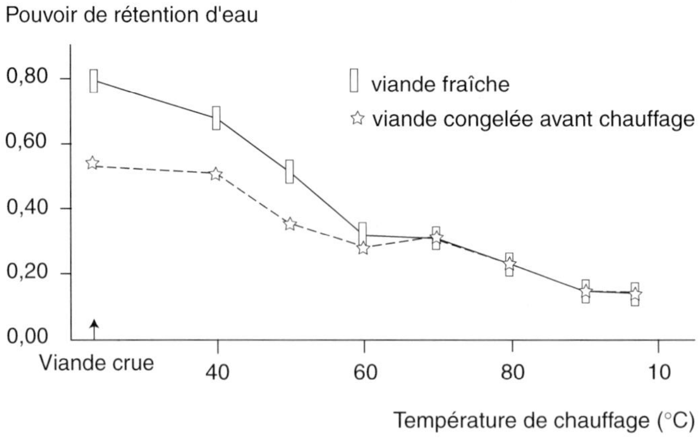

***Figure 7** – Influence de la température de chauffage et de la congélation sur le pouvoir de rétention d'eau de viande hachée. Le pouvoir de rétention d'eau est égal au rapport de la quantité d'eau non extraite de l'échantillon par la méthode au piston (teneur en eau après pressage) sur la quantité d'eau totale (teneur en eau initiale) (d'après Laroche, 1981).*

Les pertes à la cuisson vont également dépendre des pertes par exsudation lors de la décongélation, une exsudation très importante réduisant la quantité de jus susceptible de se former à la cuisson.

Dans le cas le plus général, les pertes en jus à la cuisson, sont légèrement plus importantes lorsque la viande a été congelée avant cuisson que pour la viande fraîche Elles augmentent à chaque cycle de congélation/décongélation (Locker et Daines, 1973). Elles sont plus importantes quand la viande a été congelée lentement que pour des vitesses de congélation élevées (Löndahl *et al.*, 1995). Les effets observés varient avec le produit lui-même et avec le mode de décongélation. Par exemple, les pertes à la cuisson de rôtis de bœuf sont de l'ordre de 19 à 20 % que la viande soit fraîche, décongelée à température ambiante ou au réfrigérateur ou cuite sans décongélation préalable, mais elles atteignent 29 % si la viande a été décongelée aux micro-ondes. Les pertes à la cuisson de steaks varient peu en fonction de ces mêmes paramètres (Moody *et al.*, 1978). Pour des rôtis de porc, la cuisson sans décongélation permet d'obtenir un meilleur rendement que la cuisson des rôtis préalablement décongelés. La viande est également plus juteuse et mieux appréciée (Jones *et al.*, 1980). Pour des morceaux de viande de bœuf désossés à chaud et pour lesquels la *rigor* est établie à des températures variant de 0 à 35 °C, puis conservés à – 20 °C pendant un mois, les pertes à la cuisson augmentent avec la température de *rigor* (Farouk et Swan, 1998a). Dans cette étude, les pertes à la cuisson étaient plus faibles pour la viande congelée (de 34 à 36 %) que pour la viande fraîche (de 37 à 39 %), ceci probablement en raison de pertes à la décongélation importantes (9 à 14 %).

En définitive, les pertes totales (exsudat + pertes en jus à la cuisson) montrent généralement peu de variations au regard du mode de congélation (Ferrier, 1997), de décongélation (Mitchell *et al.*, 1991 ; Ambrosiadis *et al.*, 1994) ou de l'état de la viande lors de la cuisson (viande dégelée ou encore congelée) (James et Rhodes, 1978). Par contre, il y aurait un effet significatif de la température d'établissement de la *rigor*. Les pertes totales seraient les plus faibles (entre 43 et 45 %) pour les températures de *rigor* basses (0 à 10 °C) ; elles augmentent (48 % ou plus) quand la température de *rigor* passe de 10 à 25 °C (Farouk et Swan, 1998a).

Lors des opérations de transformation de viande congelée, les rendements dépendent à la fois du type de muscle, des caractéristiques initiales de la viande et de l'opération de transformation considérée.

Les rendements globaux de transformation de la viande de porc par saumurage et fumaison sont généralement plus faibles quand la viande a été congelée, puis décongelée, qu'avec de la viande fraîche mais la différence observée entre viande fraîche et viande congelée dépend là encore du morceau considéré et de la qualité de la viande. Par exemple, la congélation ne modifie pas significativement les rendements de transformation de jambons et épaules de porc, à l'exception de jambons préparés avec de la viande très exsudative. Par contre les différences sont importantes quand ce sont des longes qui ont été congelées, que la viande soit normale ou exsudative (Jeremiah et Wilson, 1987). Il a même été rapporté des rendements de saumurage de jambons ou d'épaules meilleurs quand l'opération était effectuée avec de la viande congelée qu'avec de la viande fraîche (Mandigo et Osburn, 1996). Là encore, il conviendrait d'évaluer les pertes totales en prenant en compte les pertes lors de la décongélation.

Congélation et texture de la viande

La texture est l'ensemble des propriétés mécaniques, géométriques et de surface d'un produit perceptibles par les mécano-récepteurs, les récepteurs tactiles et, éventuellement, par les récepteurs visuels et auditifs (AFNOR, 1991). Dans le cas de la viande, elle correspond essentiellement aux notions de jutosité et tendreté qui sont évaluées, soit par analyse instrumentale (mesure du pouvoir de rétention d'eau et des propriétés rhéologiques à l'aide de machines à traction-compression, par exemple), soit par analyse sensorielle effectuée par des jurys de dégustation. Mettre en relation les résultats obtenus avec les méthodes instrumentales et sensorielles reste encore une difficulté majeure dans l'optique de l'évaluation de la qualité de la viande. Cette difficulté est présente lors de l'analyse des résultats se rapportant aux conséquences de la congélation sur la texture de la viande. Elle limite parfois la portée des conclusions qu'il est possible d'apporter. En outre, texture et jutosité sont évaluées sur la viande cuite, ce qui rend encore plus difficile l'analyse des résultats en raison de l'impact de la cuisson elle-même et des différences induites par le mode de cuisson (voir par exemple l'article général de Laroche, 1988).

Tendreté et jutosité de la viande résultent de manière prépondérante des propriétés des protéines des tissus musculaire et conjonctif et de leur évolution, même si les autres constituants peuvent également intervenir. C'est pourquoi dans ce chapitre, les modifications de la texture de la viande liée à la congélation sont analysées essentiellement au regard des modifications des protéines qui sous-tendent.

Texture et propriétés technologiques de la viande congelée *pre rigor*

Dans la pratique courante, la viande est congelée après résolution de la rigidité cadavérique, et donc après un temps de maturation qui varie selon l'espèce considérée.

Néanmoins, la viande *ante rigor* présente un meilleur pouvoir de rétention d'eau que la viande *post rigor*, ce qui lui confère une meilleure aptitude à la transformation en pâtes fines, émulsions ou viande restructurée (Hamm et Honikel, 1977 ; Park *et al.*, 1987 ; Farouk et Swan, 1997). Par exemple, le pouvoir de rétention d'eau de steaks hachés préparés avec de la viande congelée *ante rigor* est meilleur que celui de steaks préparés avec de la viande congelée après la rigidité cadavérique et les pertes à la décongélation et à la cuisson réduites, pour des notes de flaveur et d'acceptabilité similaires (Nusbaum *et al.*, 1983). Ce bénéfice peut cependant être annulé par le fait que la congélation précoce des carcasses (bœufs et moutons particulièrement) ou des muscles désossés à chaud, avant l'établissement de la rigidité cadavérique, peut être à l'origine de contractions musculaires irréversibles pendant le refroidissement (cryochoc ou raccourcissement par le froid) ou lors de la décongélation (rigidité de décongélation) (Valin, 1982 ; Lawrie, 1991). La rigidité de décongélation peut se traduire par un raccourcissement très marqué du muscle excisé (jusqu'à 40 % de la longueur initiale du muscle), un durcissement important de la viande, une diminution du pouvoir de rétention d'eau, de la solubilité et du pouvoir liant des protéines.

Ces problèmes peuvent être évités de plusieurs façons. La première est de ramener la viande congelée à une température proche de – 3 °C quelque temps avant son utilisation. En effet, à cette température, différentes enzymes impliquées dans le métabolisme *post mortem* et participant à la résolution de la *rigor mortis*, présentent un pic d'activité. C'est le cas par exemple de l'activité ATPasique qui est supérieure entre – 2 et – 5 °C qu'à 0 ou 10 °C (Bhenke *et al.*, 1973) et de l'activité des calpaïnes (Dransfield, 1996). Ainsi, selon Valin (1982), l'ATP présent à une concentration résiduelle de 2 µmoles/g sera-t-il épuisé au bout de 17 jours à – 10 °C ou après 3 jours à – 5 °C. Les risques de voir s'installer une rigidité de décongélation sont donc pratiquement annulés après quelques semaines de conservation à l'état congelé et en appliquant un palier aux températures négatives proches de 0 °C lors de la décongélation.

La stimulation électrique des carcasses chaudes qui permet d'accélérer considérablement la vitesse d'hydrolyse de l'ATP peut également contribuer à résoudre ce problème, sans néanmoins permettre de l'éliminer (Berry *et al.*, 1987).

Une autre solution pour éviter le durcissement à la décongélation consiste à saler la viande *pre rigor* avant congélation et avant que le niveau d'ATP n'ait trop baissé. L'inhibition de la glycolyse liée aux effets combinés de la température et de la force ionique a alors pour conséquence un pH de la viande décongelée plus élevé que celui de la viande non salée avant congélation (Hamm, 1977). Le pouvoir de rétention d'eau de la viande est alors préservé car concentration en ATP, pH et force ionique, tous trois relativement élevés, permettent une forte répulsion entre les protéines. L'adjonction de sel lors du hachage de la viande *pre rigor* permet ainsi de prévenir l'apparition de la rigidité de décongélation et de préserver la qualité des produits tels que des saucisses de Francfort (Foegeding et Lanier, 1996 ; Lawrie, 1991). La concentration en sel nécessaire pour préserver la qualité de la viande congelée *pre rigor* se situe entre 1,5 et 1,8 g/100 g viande (Boles et Swan, 1996). Ainsi, l'addition de 1,5 % (p/p) de sel à de la viande de taurillon désossée à chaud, jusqu'à 6 heures *post mortem*, permet d'obtenir après décongélation une viande possédant un pH plus élevé qu'en l'absence de sel. Conjointement, ce salage *pre rigor* permet de ramener la contrainte à la torsion de mêlée cuite préparée avec la viande congelée avant *rigor*, puis décongelée, au même niveau que celle obtenue avec de la viande *post rigor*, alors que la contrainte est plus importante lorsque la viande n'a pas été salée avant sa congélation. Que la viande soit salée *pre rigor* ou non, la contrainte à la torsion après cuisson augmente légèrement quand la vitesse de congélation diminue sans qu'il y ait d'effet notable du salage *pre rigor*, ou de la vitesse de congélation vis-à-vis de la force à la rupture ou du rendement de cuisson. Le produit obtenu en salant la viande *pre rigor* avant sa congélation ne présente pas de différence significative avec celui obtenu avec de la viande *post rigor*, en ce qui concerne les rendements de cuisson et la texture du produit fini (Boles et Swan, 1996). De même, l'injection de saumure (1,5 % NaCl et 0,3 % phosphate) permet d'améliorer la tendreté, la jutosité et l'acceptabilité globale de rôtis de bœuf restructurés préparés avec de la viande désossée à chaud et congelée avant l'établissement de la *rigor* (dans les 70 min suivant l'abattage), puis conservée à – 18 °C pendant 5 à 10 semaines (Farouk et Swan, 1997). Ces mêmes rôtis présentent néanmoins une couleur rosée plus marquée et un rendement à la cuisson très légèrement inférieur. Lorsque la durée de conservation à l'état congelé passe de 5 à 10 semaines, le rendement à la cuisson diminue, ainsi que l'extensibilité et la force maximale des rôtis.

L'addition de cryoprotecteurs (saccharose + sorbitol, polydextrose seul ou avec des phosphates) permettrait de pallier en partie les effets négatifs de l'adjonction de sel sur les qualités sensorielles et technologiques de la viande lors de sa conservation à l'état congelé (Park *et al.*, 1987, 1993).

Tendreté et jutosité de la viande congelée *post rigor*

Dénaturation des protéines lors de la congélation

La cryoconcentration des solutés en cours de congélation peut entraîner des modifications de la structure des protéines musculaires et de leurs propriétés (pouvoir de rétention d'eau, solubilité et activités enzymatiques) et, par voie de conséquence, contribuer à modifier la qualité de la viande (jutosité, texture). Les mécanismes exacts de la dénaturation des protéines des muscles congelés sont encore incomplètement compris et leur impact réel sur la qualité de la viande est mal établi (Mackie, 1993) même si des mécanismes ont été proposés et ont fait l'objet de nombreux travaux, en particulier pour les muscles de poisson (Sikorski *et al.*, 1976 ; Sikorski, 1977 ; Shenouda, 1980).

A – 20 °C, il ne reste plus qu'un peu plus de 10 % d'eau à l'état liquide (tabl. 2). La concentration en solutés a donc été multipliée par 10 environ. Dans ces conditions, les structures secondaire et tertiaire des protéines sensibles à une force ionique élevée peuvent être modifiées. Il se produit alors des changements réversibles ou irréversibles de la conformation de protéines (dénaturation). L'hydrophobie de surface des protéines augmente, ce qui peut provoquer leur agrégation (Careche *et al.*, 1998). De plus, les pontages des protéines entre elles ou avec d'autres composés sont favorisés du fait des concentrations accrues des constituants. Des agrégats protéines-protéines ont ainsi été observés lors de la conservation à l'état congelé de protéines musculaires de poisson (Tarrant, 1982 ; Reid, 1994). Parmi les protéines myofibrillaires, la myosine et l'actomyosine sont les plus sensibles à ces phénomènes ; l'actine et la tropomyosine sont moins vulnérables. Des modifications pourraient également toucher le collagène (Montero et Borderias, 1990). L'enthalpie totale de dénaturation des protéines diminue de 6 à 8 % (Wagner et Añon, 1985, 1986b) et la quantité d'eau non congelable de 5 à 10 % (Farias *et al.*, 1989). Ces altérations se produisent lors du stockage à l'état congelé, mais aussi pendant les opérations de congélation et décongélation, plus particulièrement lors du passage aux températures négatives proches de 0 °C. En effet, à ces températures modérées, plus de 25 % de l'eau est encore à l'état liquide (tabl. 2), ce qui permet la diffusion des solutés qui sont d'ores et déjà concentrés.

Ces changements se traduisent par une diminution de la solubilité des protéines myofibrillaires qui peut atteindre 50 % (Miller *et al.*, 1980 ; Wagner et Añon, 1986b ; Smith, 1987). Cependant, une augmentation de la solubilité des protéines totales et des protéines myofibrillaires a parfois été observée (Farouk et Swann, 1998a). Les protéines sarcoplasmiques et membranaires sont également sujettes à la dénaturation. En ce qui concerne les activités enzymatiques, les situations rencontrées sont diverses. Certaines enzymes comme l'ATPase sarcoplasmique, l'aldolase et différentes déshydrogénases voient leur activité diminuer progressivement au cours du stockage à l'état congelé (rapporté par Mackie, 1993). D'autres enzymes, parmi lesquelles celles provenant des micro-organismes contaminants, peuvent continuer à agir dans la viande à l'état congelé même aux environs de – 30 °C, et ainsi contribuer à des altérations de la qualité (Lawrie, 1991). En particulier, protéases, lipases et peroxydases gardent une activité (Sahagian et Goff, 1996). L'activité des protéases se traduit par une fragmentation lente des protéines myofibrillaires et l'augmentation des quantités de peptides et acides aminés libres (Sebranek, 1996). Les enzymes d'hydrolyse des lipides, triglycérides lipases et phospholipases, libèrent des acides gras susceptibles de se fixer sur les protéines, réduisant leur solubilité. De plus, ces acides gras libres, lorsqu'ils sont issus de l'hydrolyse des phospholipides contiennent beaucoup d'acides gras polyinsaturés. Ils sont donc très oxydables. Or, des réactions entre produits d'oxydation des lipides et protéines peuvent contribuer à la diminution de la solubilité des protéines. Ces phénomènes viennent se conjuguer aux dommages mécaniques, causés aux fibres musculaires par les cristaux de glace, et à la dénaturation des protéines, pour entraîner une diminution du pouvoir de rétention d'eau. Ils sont l'une des causes directes de l'exsudation à la décongélation et contribuent à réduire la jutosité de la viande congelée.

La dénaturation des protéines et les conséquences liées aux activités enzymatiques sont réduites lors d'une congélation ultra-rapide à condition que la concentration eutectique ne soit pas atteinte (Buttkus, 1970). A l'inverse, l'amplitude des détériorations liées à ces phénomènes augmente avec la durée de conservation et avec la température de conservation (Wagner et Añon, 1985, 1986a,b).

Conséquences sur la texture de la viande

La congélation a généralement un effet peu marqué sur la tendreté de la viande. Les effets observés, généralement modestes, dépendent des caractéristiques du produit avant sa congélation (état de maturation du muscle, état de division,...) et dans une moindre mesure des conditions de congélation. Ils sont en partie gommés par le traitement thermique (cuisson) qui précède l'évaluation de la tendreté par les méthodes instrumentales ou sensorielles.

Dans la majorité des cas, la congélation provoque une légère augmentation de la tendreté de la viande. Après cuisson, la force de cisaillement de muscles *Longissimus* de mouton congelés est plus faible que celle de la viande fraîche, que la viande ait été cuite avec ou sans décongélation préalable (Ferrier, 1997). La viande de porc (côtelettes et rôtis) est légèrement plus tendre et plus juteuse quand la viande a été congelée, conservée au froid et décongelée que lorsque la viande était fraîche car la viande congelée perd de la cohésion et est plus facile à mâcher (Jeremiah, 1980 ; Jeremiah *et al.*, 1990 ; Devine *et al.*, 1996). Par contre une légère dégradation de la flaveur est souvent observée. La viande de mouton callipyge est caractérisée par un manque de tendreté qui nuit à son acceptabilité, et donc à sa diffusion, malgré l'intérêt économique qu'elle pourrait représenter (Duckett *et al.*, 1998). Pour améliorer leur tendreté, ces auteurs ont proposé, sur la base de données instrumentales et sensorielles obtenues sur des muscles *Longissimus*, de procéder à la congélation des muscles de moutons callipyges 24 heures après l'abattage, puis de les conserver à l'état congelé à – 20 °C pendant 8 jours au minimum, pour ensuite procéder à leur maturation à 2 °C. Ce traitement ne provoquerait aucune altération de la jutosité et de la flaveur de la viande. Ce net effet attendrissant de la conservation à l'état congelé de ce type de viande résulterait d'une diminution importante de l'activité de la calpastatine, inhibiteur des calpaïnes, qui seraient donc beaucoup plus actives au cours de la maturation.

Une diminution de la tendreté, liée à la congélation de la viande, a par contre été observée pour de la viande de porc saumurée (bacon et jambon) (Jeremiah, 1980), des cuisses et blancs de poulets (Ristić, 1982) ou du faux-filet de bœuf incomplètement maturé avant congélation (rapporté par Daudin, 1988).

Le temps de congélation, le mode de décongélation, la qualité initiale de la viande influeraient sur les conséquences de la congélation sur la tendreté de la viande, mais les données sur le sujet sont éparses et parfois contradictoires. Par exemple, l'augmentation de la tendreté serait plus marquée pour de la viande tendre que pour de la viande ferme (*Longissimus dorsi* de bœuf comparé à du *semi-membranosus*) (Touraille et Liu, 1991). Locker et Daines (1973) n'ont observé d'augmentation significative de la tendreté de la viande cuite (*sternomandibularis* de bœuf) qu'après deux à trois cycles de congélation-décongélation. La tendreté de rôtis ou de steaks de bœufs est améliorée par la congélation sauf si les rôtis sont décongelés aux micro-ondes (Moody *et al.*, 1978 ; Mitchell *et al.*, 1991). A l'opposé, les meilleures notes de tendreté instrumentale ont été attribuées aux échantillons décongelés à 4 °C ou aux micro-ondes par rapport aux échantillons décongelés à 18 °C à l'air, à cette même température sous CO_2 ou dans de l'eau, la couleur étant jugée la plus satisfaisante pour les viandes décongelées à 4 °C et la moins agréable pour celles décongelées sous CO_2 (Ambrosiadis *et al.*, 1994). Les informations concernant l'influence de la vitesse de congélation sur la tendreté sont également contrastées. La tendreté des steaks hachés congelés est meilleure si le temps de congélation est inférieur à 80 min, l'acceptabilité globale des steaks chutant pour des temps de congélation plus longs (Nusbaum *et al.*, 1983). La tendreté des cuisses et blancs de poulet frits serait meilleure lors d'une congélation à l'azote liquide qu'avec une congélation moins rapide (rapporté par Sebranek, 1996), mais selon Jul (1984a), la vitesse de congélation affecte peu texture et jutosité de la viande de poulet.

En définitive, la viande congelée est généralement légèrement plus tendre que la viande fraîche, ce qui est un avantage pour certaines viandes, comme la viande de bœuf et de mouton, mais serait plutôt défavorable dans le cas de viandes considérées comme manquant de fermeté comme le poulet.

Congélation et jutosité

L'examen de la littérature ne fait pas apparaître d'effet très marqué de la congélation sur la jutosité de la viande et des produits carnés. Tantôt la jutosité diminue avec la durée de conservation (Jeremiah, 1980 ; Ristić, 1982 ; Brewer et Harbers, 1991 ; Mitchel *et al.*, 1991), tantôt, elle augmente légèrement (Jeremiah *et al.*, 1990). Ces effets sont dans tous les cas très faibles, voire non significatifs (Touraille et Liu, 1991). En général il ne semble pas y avoir d'incidence du type d'emballage (Mandigo et Osburn, 1996). Toutefois, dans le cas de viande hachée de porc, un emballage sous vide préserverait mieux la jutosité que les autres emballages (Brewer et Harbers, 1991).

En résumé, l'amplitude des modifications de texture et de jutosité de la viande à la suite de sa congélation est faible. Ces modifications ont dans la majorité des cas un impact peu perceptible sur la qualité de la viande. Seuls les cas où l'exsudation est excessive peuvent donner lieu à des dégradations notables et significatives sur le plan sensoriel.

Propriétés techno-fonctionnelles des viandes congelées

La viande congelée *post rigor* possède généralement de moins bonnes propriétés technologiques que la viande fraîche (Desrosier et Tressler, 1977 ; Jul, 1984a ; Sebranek, 1996).

Le pouvoir de rétention d'eau et le pouvoir gélifiant des protéines musculaires diminuent au cours de la conservation à l'état congelé (Smith, 1987 ; Wang et Xiong, 1998). La capacité émulsifiante de viandes congelées serait tantôt plus importante (+ 6,4 %) que celle de viandes fraîches (Zorba *et al.*, 1993), tantôt réduite (Huang et Wang, 1997), ce qui pourrait résulter des changements d'hydrophobie de surface des protéines évoqués plus haut. La stabilité d'émulsions fabriquées avec de la viande congelée de bœuf ou de porc chute progressivement avec le temps de congélation (Miller *et al.*, 1980). La viande congelée conviendrait néanmoins à la fabrication des saucisses à condition d'être utilisée après tempérage entre – 8 et – 5 °C, alors qu'elle est inapte à cet usage si elle a été préalablement dégelée (Gossling et Tamm, 1991).

La qualité sensorielle des jambons secs ne serait pas affectée par l'utilisation de viande congelée avant salaison (Banon *et al.*, 1999). Néanmoins, dans les jambons préparés avec la viande congelée, l'absorption totale de sel, les pertes en eau et l'activité protéolytique sont supérieures à celles mesurées pour des jambons fabriqués avec de la viande fraîche, et des cristaux de tyrosine apparaissent à la surface des jambons.

Le salage accélère les détériorations des qualités techno-fonctionnelles des viandes congelées. L'ajout d'agents cryoprotecteurs peut permettre de contrecarrer en grande partie ces effets (Park *et al.*, 1987, 1993 ; Wang et Xiong, 1998).

Substances cryoprotectrices

Différentes substances permettent de limiter les altérations des protéines résultant de la cryoconcentration des solutés. Ces substances pourraient soit protéger les protéines de la déshydratation induite par la congélation, soit stabiliser la structure native de la protéine pour des raisons thermodynamiques (mélange de polymères à volume exclu), soit diminuer la température de transition vitreuse en deçà de laquelle les réactions mettant en jeu des processus diffusionnels sont réduites au minimum (Mackie, 1993). Les substances cryoprotectrices les plus courantes sont des acides aminés ou leur sel comme l'aspartate, la cystine ou la β-alanine, des sucres, des acides dicarboxyliques et des produits d'hydrolyse de l'amidon. Ces composés pourraient être ajoutés aux muscles par injection sous vide (Foegeding et Lanier, 1996). L'ajout de polydextrose ou d'un mélange saccharose/sorbitol améliorent ainsi la stabilité à la conservation à l'état congelé de viande hachée *pre rigor* en présence de sel : le pouvoir de rétention d'eau est nettement amélioré, ce qui entraîne une diminution importante des pertes en eau à la cuisson (Park *et al.*, 1987, 1993). De même l'incorporation d'un mélange sorbitol/saccharose/tripolyphosphate avant la congélation préserve les propriétés fonctionnelles de viandes de poulets séparées mécaniquement (Kijowski et Richardson, 1996) et le mélange sorbitol/saccharose celles de surimi préparé avec du cœur de bœuf (Wang et Xiong, 1998). Ce dernier mélange tend en contrepartie à promouvoir l'oxydation des lipides et des protéines, effet limité par l'adjonction de gallate de propyle (Wang *et al.*, 1997). Un autre inconvénient de ces composés peut être leur caractère sucré (Tomaniak *et al.*, 1998). Le polydextrose aurait l'impact le plus faible sur le goût et la flaveur de la viande de porc et de bœuf, comparativement au saccharose, au sorbitol et à une maltodextrine.

L'attention se porte actuellement sur les effets cryoprotecteurs de protéines et glycoprotéines extraites de poissons (Feeney et Yeh, 1998). Par exemple, des essais d'injection de glycoprotéines antigel extraites de morue de l'Atlantique (*Dissostichus mawsoni*) à des moutons avant l'abattage ont permis de réduire les pertes en jus et la taille des cristaux de glace dans les longs dorsaux (Payne et Young, 1995). On peut néanmoins s'interroger sur la viabilité à terme de ce type d'essai, que ce soit pour des raisons éthiques ou techniques.

Applications des modifications des protéines par le froid

– *Cryotexturation*

Par analogie avec la fabrication traditionnelle du kori-tofu au Japon (Watanabe, 1981), la congélation pourrait permettre de texturer les viandes séparées mécaniquement après un traitement alcalin (Lawrence *et al.*, 1986). Le procédé met en jeu d'une part des interactions protéines-protéines initiées avant la congélation et se poursuivant pendant la congélation et d'autre part une mise en forme mécanique pendant la congélation de fibres de protéines agrégées par la compression physique qui résulte d'une croissance unidirectionnelle des cristaux de glace (Mackie, 1993).

– *Reconnaître une viande congelée*

Respect et contrôle des normes d'hygiène ou de cahiers des charges, clarté de l'information aux consommateurs, traçabilité des produits et adaptation des process aux matières premières s'assortissent de la nécessité d'être en mesure de connaître les traitements appliqués aux produits avant leur utilisation. Dans le cas particulier de la viande, il est donc important de disposer de méthodes fiables permettant de savoir si une viande, fraîche ou transformée, présentée à un transformateur ou à son utilisateur final, a subi un cycle de congélation/décongélation.

Après congélation et décongélation de la viande, différentes enzymes mitochondriales sont libérées dans le sarcoplasme. Cette propriété a servi de point de départ à différentes méthodes visant à distinguer une viande décongelée d'une viande fraîche (Lawrie, 1991 ; Foegeding et Lanier, 1996). Les dosages, dans le sarcoplasme, de la cytochrome oxydase mitochondriale, de la β-hydroxyacyl-coenzyme A déshydrogénase, de l'α-glucosidase et de l'isoenzyme mitochondriale de la glutamate-oxaloacétate transaminase ont par exemple été proposés. Cependant, des événements autres que la congélation peuvent parfois conduire à la libération des enzymes considérées dans le sarcoplasme, comme cela a été observé pour la glutamate-oxaloacétate transaminase dans le cas du porc (Foegeding et Lanier, 1996). De plus, ces dosages d'enzymes libérées dans le sarcoplasme sont souvent longs et fastidieux. Le dosage d'enzymes lysosomiales (phosphatases acides et alcalines) dans le jus extrait par pression de la viande pourrait également permettre de distinguer de la viande de poulet fraîche de la viande congelée, puis décongelée (Sharma et Sen, 1998).

Récemment, Salfi et Portanti (1998) ont développé un test immunochimique relativement simple à mettre en œuvre, basé sur la détection de la malate déshydrogénase mitochondriale. La technique ELISA appliquée à l'évaluation de la dénaturation de la myosine au cours de la congélation et de la conservation à l'état congelé pourrait peut-être également être utilisée (Lee *et al.*, 1998). La spectroscopie proche infra-rouge couplée à des méthodes d'analyse multidimensionnelle des données et appliquée soit à la viande, soit à l'exsudat semble être une voie d'approche intéressante (Downey et Beauchêne, 1997 ; Thyholt et Isaksson, 1997). Les mesures de l'enthalpie de dénaturation thermique et de la quantité d'eau non congelable après dénaturation thermique ont également été proposées (Farias *et al.*, 1989). Un dispositif simple tirant profit des variations de la conductance électrique du milieu musculaire après congélation et décongélation a été mis au point et breveté par Salé (1969, 1974), mais à notre connaissance ce dispositif n'a pas connu de développement commercial. Enfin, les méthodes d'analyse multivariées (analyse factorielle discriminante, par exemple) pourraient permettre de distinguer, à partir de données physico-chimiques simples, des jambons préparés avec de la viande congelée de jambons issus de viande réfrigérée (Paz de Peña *et al.*, 1998).

Congélation et flaveur de la viande

La flaveur est un ensemble complexe de sensations olfactives, gustatives et trigéminales[4] perçues au cours de la dégustation. Elle peut être influencée par les impressions tactiles, thermiques, algiques[5], voire kinesthésiques[6] (AFNOR, 1991). Perçue par voie rétronasale, la flaveur résulte de l'interaction des composés de la flaveur avec les récepteurs olfactifs. Les composés impliqués sont très divers dans leur structure chimique. Ils comprennent, entre autres, de nombreux composés d'arôme caractérisés par leur volatilité importante.

La viande crue possède une faible odeur, un goût sanguin et une flaveur peu prononcée. Elle contient des précurseurs de la flaveur qui donneront naissance aux composés d'arôme lors de la cuisson par le biais de réactions chimiques complexes (Imafidon et Spanier, 1994 ; Meynier et Gandemer, 1994).

Quand elles sont pratiquées dans de bonnes conditions, congélation et décongélation ont peu d'impact sur la flaveur de la viande. Par contre, au cours de la conservation à l'état congelé, la flaveur de la viande se dégrade. Dans un premier temps, la flaveur semble être moins équilibrée, sans pour autant devenir désagréable ; elle est décrite comme ayant moins d'amplitude et étant plus plate que celle d'une viande fraîche. Par la suite, si la conservation au froid se prolonge, des notes nouvelles, généralement considérées comme désagréables se développent. L'odeur de rance en est l'exemple le plus caractéristique. Cette dégradation constitue le principal facteur limitant la durée de conservation de la viande congelée. Les durées de conservation indiquées dans le tableau 7, page 77 résultent ainsi en grande partie de l'apparition de détériorations perceptibles de la flaveur des produits. Ces détériorations sont largement attribuées à l'oxydation des lipides. La large gamme de durée de conservation des produits carnés congelés reflète donc essentiellement leur gamme de stabilité à l'oxydation.

Réactions chimiques et enzymatiques dans les milieux congelés : impact prépondérant des dégradations des lipides

L'altération de la flaveur de la viande au cours de sa conservation à l'état congelé résulte de la persistance de réactions chimiques et enzymatiques dans la viande congelée. Ces réactions conduisent à l'apparition de produits de dégradation, en particulier de produits d'oxydation des lipides, dans des concentrations supérieures à leur seuil de détection sensoriel, et à la diminu-

4. Sensations trigéminales : sensations irritantes ou agressives perçues dans la cavité buccale.
5. *Algique* : qui a trait à la douleur.
6. Sensations *kinesthésiques* : sensations résultant de l'application d'une pression.

tion des teneurs en certains composés précurseurs de la flaveur (sucres réducteurs, acides aminés, peptides, nucléotides) soit dégradés, soit entraînés dans l'exsudat. La dénaturation progressive des protéines au froid et la diminution du pouvoir de rétention d'eau qu'elle entraîne peuvent également modifier la rétention des composés volatils ou sapides et contribuer à modifier la perception de la flaveur.

En effet, si certaines enzymes perdent progressivement de leur activité lors de la conservation à l'état congelé (voir plus haut), la plupart ne sont pas inactivées par la congélation et, celles possédant une faible énergie d'activation continuent à agir dans les tissus animaux congelés (Fennema, 1996). De plus, la cryoconcentration des solutés dans la partie non congelée du produit est susceptible de moduler, voire même dans certains cas de contrecarrer les effets dépresseurs de l'abaissement de la température sur les vitesses de réaction. L'exemple de l'effet de la congélation sur une réaction du second ordre (A + B → C), repris de Lindeløv (1977), illustre cet effet complexe de la cryoconcentration (fig. 8). La vitesse de réaction est à la fois proportionnelle à la constante de réaction (k) et à la concentration des solutés dans la phase liquide (C). Selon la loi d'Arrhénius, la constante de réaction décroît quand la température diminue. Dans le même temps, la concentration en solutés dans la phase liquide augmente dès que commence le changement d'état de l'eau en glace, c'est-à-dire lorsque T < Tc. Le produit de ces deux variables, soit la vitesse de réaction, présente donc un maximum à une température inférieure au point de congélation de la solution (fig. 8). Dans la réalité, la cryoconcentration d'inhibiteurs de la réaction peut moduler cet effet, de même que les modifications de pH et de viscosité du milieu. L'abaissement de la température sous le point de congélation se traduit donc, selon la réaction chimique ou enzymatique considérée, les caractéristiques du milieu et selon la température, par une augmentation ou une diminution des vitesses de réaction. On observe ainsi en pratique qu'aux températures négatives proches du point de congélation certaines réactions chimiques ou enzymatiques sont favorisées, provoquant parfois des altérations rapides des qualités sensorielles des produits (cas du bacon, des lardons congelés). Aux températures plus basses, tant que la température de transition vitreuse n'a pas été atteinte, la mobilité moléculaire locale permet à différentes enzymes de continuer à être actives et à certaines réactions de continuer à se dérouler. En dessous de la température de transition vitreuse, seules les réactions mettant en jeu des réactants de petite taille, et limitées par

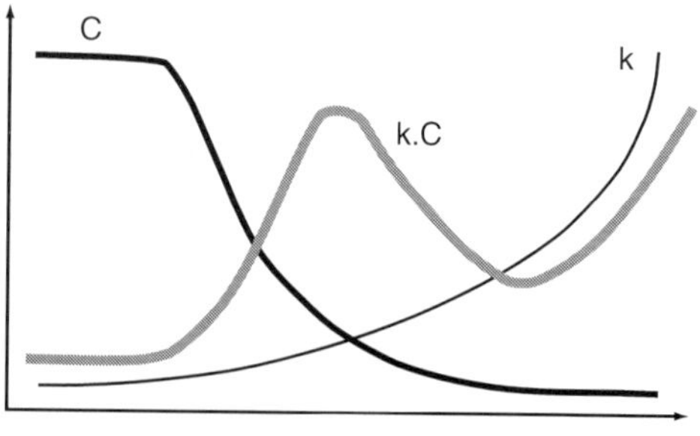

Figure 8 – Influence des températures négatives sur une cinétique de réaction du second ordre. k : constante de vitesse de la réaction ; C : concentration des solutés dans la phase liquide (fraction non congelée) (d'après Lindeløv, 1977).

la diffusivité des réactants, comme les réactions d'oxydation, peuvent éventuellement avoir lieu.

Dans les conditions habituelles de conservation des viandes congelées, la mobilité moléculaire locale et les conditions du milieu permettent donc aux enzymes qui agissent aux interfaces, telles que les lipases et les phospholipases, de continuer à être actives. Les lipases libèrent ainsi des acides gras non estérifiés même après 6 mois de conservation à – 18 °C du muscle *Longissimus dorsi* de porc (Hernandez *et al.*, 1999). Les ruptures des membranes cellulaires occasionnées par la formation des cristaux de glace favorisent la mise en contact de ces enzymes avec leur substrat. Les quantités d'acides gras libres augmentent donc au cours des cycles de congélation/décongélation (Cabanes *et al.*, 1995), mais aussi pendant le stockage de la viande (Fishwick, 1968) ou des tissus adipeux (Girard *et al.*, 1973). Cette hydrolyse est cependant plus rapide en début de conservation qu'ultérieurement (Hernandez *et al.*, 1999).

Les réactions d'oxydation des lipides qui mettent en jeu des réactants de petite taille en milieu apolaire se poursuivent également, même à basse température, ce d'autant plus que les anti-oxydants endogènes tels que la vitamine E sont progressivement consommés (Sklan *et al.*, 1983 ; Guidera *et al.*, 1997 ; Wen *et al.*, 1996) et que les enzymes anti-oxydantes sont peu à peu dénaturées par le froid (Lee *et al.*, 1997). Quoique quantitativement minoritaires (0,5 à 1 g/100 g de muscle), les phospholipides sont généralement la première cible de l'oxydation dans le tissu musculaire. Ils jouent ainsi un rôle majeur dans la flaveur de la viande et des produits carnés et dans sa détérioration (Gandemer *et al.*, 1997). En effet, constituants majeurs des membranes cellulaires, ils s'oxydent généralement plus rapidement que les triglycérides (Keller et Kinsella, 1973 ; Igene *et al.*, 1981). Cependant, dans les produits hachés, ou lorsque la conservation à l'état congelé se prolonge, les triglycérides peuvent prendre une part non négligeable dans le processus d'oxydation (Igene *et al.* 1979 ; Igene *et al.*, 1980 ; Gray et Pearson, 1987). Le cholestérol est également un bon substrat de l'oxydation. Les conséquences de son oxydation relèvent du domaine de la nutrition, voire de la toxicologie. L'une des raisons de la grande oxydabilité des phospholipides musculaires en général, et de la phosphatidyl éthanolamine en particulier, réside dans leurs teneurs élevées en acides gras polyinsaturés (AGPI) et surtout en acides gras à longue chaîne comportant 4 doubles liaisons ou plus. Le fait qu'ils soient constitués d'une forte proportion de plasmalogènes intervient également, mais à un degré moindre (Genot *et al.*, 1998a). Ils sont de plus, de par leur nature amphiphile, en contact direct avec le milieu aqueux dans lequel sont dissous la plupart des agents pro-oxydants. Certains phospholipides (phosphatidyl sérine, phosphatidyl éthanolamine) sont d'ailleurs susceptibles de contracter des interactions spécifiques avec les métaux, ce qui pourrait contribuer à faciliter leur oxydation. Enfin, lors du stockage à l'état congelé, les quantités d'acides gras non estérifiés (acides gras libres) augmentent. Ces acides libres proviennent préférentiellement de l'hydrolyse des phospholipides par les phospholipases A, comme le montre leur composition en acides gras proche de celle des phospholipides (Fishwick, 1968). Or, les acides gras libres sont généralement considérés comme plus sensibles à l'oxydation que les acides gras estérifiés quoique les preuves expérimentales formelles de la véracité de cette affirmation ne soient pas complètement convaincantes.

Les réactions d'oxydation des lipides aboutissent à la formation de nombreux produits de dégradation (fig. 9). Parmi ceux-ci, certains composés volatils possèdent des seuils de perception de l'ordre du ppb (Meynier *et al.*, 1998). Ils participent donc à la modification du profil aromatique des viandes congelées. Des peptides hydrophiles (1800 Da) associés de façon positive à la flaveur de la viande pourraient également voir leur concentration diminuer par interaction avec les radicaux libres générés pendant l'oxydation des lipides (Imafidon et Spanier, 1994). Ainsi, l'oxydation des lipides occupe-t-elle une place prépondérante dans la dégradation de la flaveur de la viande congelée. La corrélation entre le développement de l'oxydation des lipides, évaluée par différentes méthodes, et l'apparition d'odeur ou de flaveur rance est généralement bonne (Jeremiah, 1980 ; Gray et Pearson, 1987 ; Brewer *et al.*, 1992). En plus de ses conséquences néfastes sur la flaveur, l'oxydation des lipides participe à la détérioration de la texture, des propriétés fonctionnelles et des qualités nutritionnelles de la viande au cours de sa conservation à l'état congelé par le biais d'oxydations couplées des protéines et des vitamines liposolubles (fig. 10).

En parallèle de ces altérations des lipides au cours de la conservation à l'état congelé des viandes, les teneurs en ribonucléotides (IMP, GMP) et en

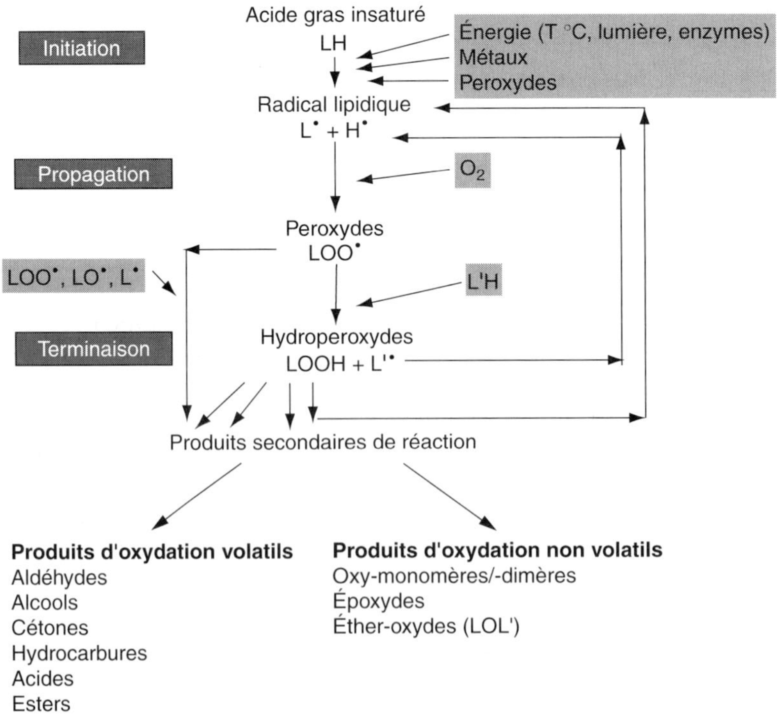

Figure 9 – Schéma général de l'oxydation des lipides et principales classes de produits d'oxydation.

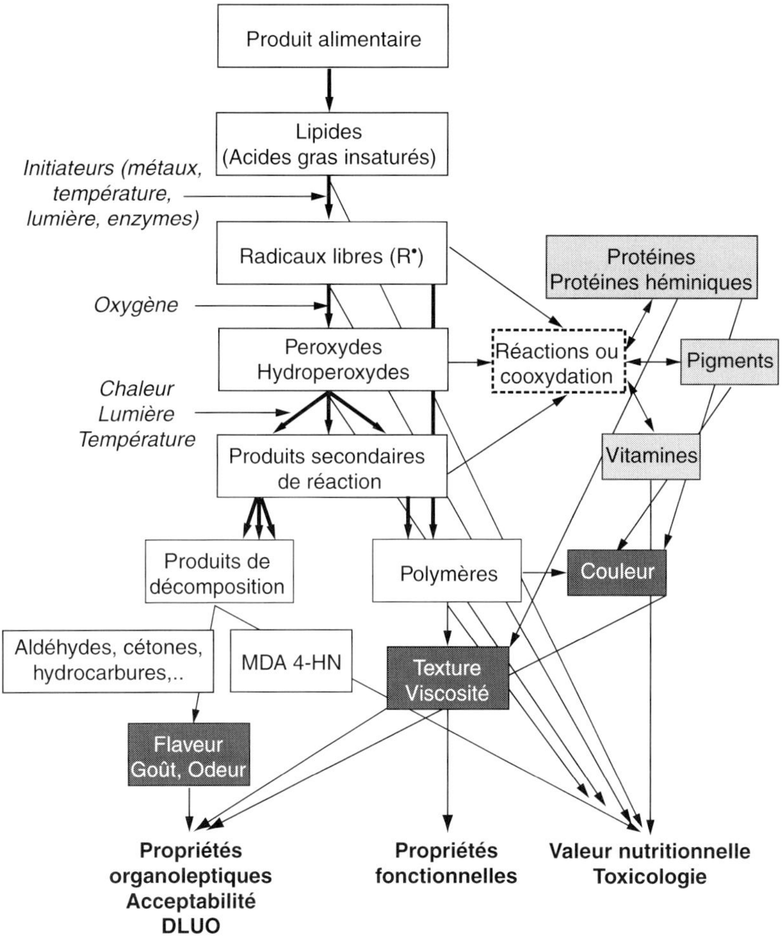

Figure 10 – *Effets de l'oxydation des lipides sur les qualités des aliments.*

acide inosinique diminuent en raison de l'activité de la phosphatase pour les premiers (Valin et Lacourt, 1974) et par entraînement dans l'exsudat pour le second. Or les nucléotides sont des exhausteurs de la flaveur et l'acide inosinique participe au développement de la flaveur de la viande cuite (Imafidon et Spanier, 1994). Sucres réducteurs et acides aminés libres, qui au cours de la cuisson subissent la réaction de Maillard et génèrent des composés volatils caractéristiques de l'odeur de viande cuite, sont en partie perdus dans l'exsudat comme peuvent l'être carnosine et ansérine, dipeptides hydrosolubles à activité anti-oxydante. Les lipides par contre ne sont pas entraînés dans l'exsudat.

Influence des caractéristiques de la viande sur sa stabilité à l'oxydation

Les aspects principaux des mécanismes de l'oxydation des lipides dans la viande et leurs conséquences sur la qualité des produits carnés ont été synthétisés dans les articles de Gray et Pearson (1987), Ladiskos et Lougovois (1990), Kanner (1994) et Gray *et al.* (1996).

La stabilité à l'oxydation des muscles dépend des concentrations respectives en substrats, inhibiteurs et activateurs de la réaction. Elle dépend donc en premier lieu de la teneur en lipides et surtout de leur teneur en acides gras polyinsaturés (AGPI). L'indice d'oxydabilité qui prend en compte l'oxydabilité croissante des lipides avec le nombre de doubles liaisons (Arakawa et Sagai, 1986) se révèle un indice très utile. La concentration en agents pro-oxydants : teneur en fer sous forme héminique (myoglobine) ou non héminique (« fer libre ») et rapport molaire fer/AGPI, les activités enzymatiques pro-oxydantes, qui aboutissent à la production d'espèces activées de l'oxygène, participent au déclenchement de l'oxydation dans la viande. A l'inverse, les agents anti-oxydants comme la vitamine E, les peptides anti-oxydants (glutathion, carnosine, ansérine) et les enzymes à activités anti-oxydantes (glutathion peroxydase, superoxyde dismutase, catalase, ...) permettent de limiter le phénomène (Renerre *et al.*, 1996). Enfin, la compartimentation cellulaire permet de limiter les contacts entre activateurs et substrats de la réaction. De ce fait, le hachage, la cuisson, mais aussi la congélation participent à favoriser l'oxydation, ce d'autant plus que ces opérations sont généralement effectuées en présence d'air et donc d'oxygène. Il est à noter à ce propos que la solubilité de l'oxygène augmente quand la température diminue.

L'oxydabilité de la viande, et donc sa durée de vie à l'état congelé dépend :

- des différences liées à l'espèce animale ;
- des variations individuelles attribuées aux caractéristiques génétiques, aux variations saisonnières et à l'état physiologique des animaux ;
- des caractéristiques de l'alimentation des animaux ;
- des conditions de manutention et de transport des animaux ;
- dans une même carcasse : de la pièce de viande considérée, du type métabolique du muscle ;
- des temps de refroidissement et de maturation de la viande.

Les autres traitements subis par la viande, les ingrédients ou additifs utilisés pour les produits transformés et les conditions de conservation à l'état congelé vont également participer à la stabilité à l'oxydation des produits.

Influence de l'espèce animale et variations individuelles

Parmi les viandes des principales espèces animales d'intérêt zootechnique, la viande de dinde est la plus sensible à l'oxydation, puis viennent par ordre décroissant les viandes de poulet, de porc et de bœuf et enfin de mouton (Wilson *et al.*, 1976 ; Akamittath *et al.*, 1990 ; Rhee *et al.*, 1996 ; Devine *et al.*, 1996). Ces différences sont attribuées au fait que les lipides de mouton et bœuf contiennent moins d'AGPI que les viandes de volaille, le porc étant en position intermédiaire (Gandemer, 1992 ; Wood et Enser, 1997). Parmi les viandes de volailles, la dinde contient peu de α-tocophérol (vitamine E) comparativement au poulet, ce qui explique sa grande oxydabilité. En effet, la dinde possède la particularité d'assimiler 3 à 5 fois moins bien le tocophérol présent dans les aliments que le poulet (Sklan *et al.*, 1982).

En ce qui concerne les variations individuelles portant sur l'oxydabilité des muscles appartenant à plusieurs animaux, elles sont attribuées aux caractéristiques génétiques, aux variations saisonnières, à l'état physiologique des animaux. Ces variations individuelles peuvent être élevées, même dans un lot d'animaux apparemment homogène.

Alimentation

Le contrôle des apports alimentaires en acides gras polyinsaturés et en anti-oxydants naturels (vitamine E plus particulièrement) peut permettre de maîtriser en partie l'oxydabilité de la viande.

En effet, particulièrement dans le cas des monogastriques, la composition en acides gras des triglycérides des muscles et, à moindre degré, celle des phospholipides, est le reflet de la composition des lipides alimentaires. De trop forts apports alimentaires en AGPI (huiles végétales ou huiles de poisson) conduisent donc à une forte oxydabilité des viandes et au développement de flaveurs désagréables. C'est le cas des viandes provenant d'animaux nourris avec des aliments contenant de fortes proportions d'huiles de poisson ou de lin (Wood et Enser, 1997). Cet effet pro-oxydant des huiles insaturées peut être réduit par un apport en vitamine E dans les aliments (Raskin *et al.*, 1996 ; Jensen *et al.*, 1998a) qui permettrait ainsi d'augmenter raisonnablement la teneur des viandes en acides gras oméga 3, selon les recommandations nutritionnelles en vigueur, sans en supporter les effets néfastes. La vitamine E ajoutée dans les aliments à des doses supra nutritionnelles (plus de 100 mg/kg d'aliment) permet en effet d'augmenter notablement la concentration en vitamine E des muscles, en particulier dans les membranes des mitochondries et des microsomes (Asghar *et al.*, 1991 ; Lauridsen *et al.*, 1997 ; Mercier *et al.*, 1998a). La vitamine E ainsi incorporée protège les phospholipides et le cholestérol membranaires contre l'oxydation en piégeant des radicaux libres. Elle jouerait également un rôle anti-oxydant en stabilisant l'état physique des membranes et en inhibant l'activité de certaines enzymes (phospholipase, cycloxygénase). Elle réduit donc l'oxydabilité des viandes de bœuf (Liu *et al.*, 1995b ; Lynch *et al.*, 1999), porc (Jensen *et al.*, 1998b), mouton (Guidera *et al.*, 1997), poulet (Webb *et al.*, 1972, 1974 ; Lin *et al.*, 1989 ; De Winne et Dirinck, 1996) et dinde (Wen *et al.*, 1996 ; Sheldon *et al.*, 1997 ; Genot *et al.*, 1997, 1998b) (tabl. 4) au cours de leur conservation à l'état congelé soit crue, soit après cuisson. L'effet protecteur de l'enrichissement de la viande en vitamine E perdure lors de la conservation à l'état congelé de produits de charcuterie ou de viandes précuites préparés avec ces viandes (Webb *et al.*, 1972, 1974 ; Berry *et al.*, 1998 ; Villegas *et al.*, 1999). Toutefois, cette protection n'est pas totale et il est généralement nécessaire de compléter la protection contre l'oxydation offerte par la vitamine E par d'autres mesures (anti-oxygènes exogènes ou emballage, par exemple). D'autres facteurs de l'alimentation tels que les apports en cuivre, fer, vitamine C, β-carotène et caroténoïdes pourraient eux aussi être pris en compte (Mielche et Bertelsen, 1994). Le niveau d'oxydation des lipides alimentaires devrait également être contrôlé car certains produits d'oxydation des lipides peuvent être absorbés et réduire la stabilité des muscles à l'état congelé (Lin *et al.*, 1989 ; Jensen *et al.*, 1997).

Tableau 4 – *Effet de la nature des lipides alimentaires et de la supplémentation en vitamine E sur la stabilité à l'oxydation (sr-TBA) de la viande de dinde* (Pectoralis major) *pendant sa conservation à l'état congelé (6 mois à – 18 °C, sous vide).*

	Lipides alimentaires					
	huile de colza		suif		huile de soja	
α-tocophérol (mg/kg aliment)	38	190	25	190	21	190
sr-TBA sur viande fraîche	0,11 b	0,05 a	0,04 a	0,03 a	0,13 b	0,04 a
sr-TBA après 6 mois à – 20 °C	0,19 a, b	0,12 a, b	0,26 b	0,06 a	0,41 c	0,26 b

Les substances réactives à l'acide thiobarbiturique (sr-TBA) sont exprimées en mg équivalents malonaldéhyde par kg de muscle ; sur une même ligne, les chiffres indexés avec une lettre différente sont différents au seuil de 5 % (n = 8) (Genot *et al.*, 1998b).

Type musculaire

La stabilité à l'oxydation des muscles rouges, à métabolisme oxydatif, est inférieure à celle des muscles « blancs » dont le métabolisme est plus orienté vers la glycolyse (Wilson *et al.*, 1976). En effet, les muscles rouges possèdent plus de mitochondries que les muscles blancs. Ils contiennent donc plus de myoglobine, plus d'enzymes des cycles d'oxydo-réduction, plus de lipides membranaires et donc plus d'acides gras poly-insaturés. Dans un même temps, ils contiendraient moins de dipeptides à activité anti-oxydante (Cornet et Bousset, 1990 ; Aristoy et Toldrá, 1998). Les muscles rouges constituent donc un milieu particulièrement favorable à l'oxydation. Cette différence dans l'oxydabilité des différents types de muscles se traduit directement dans leurs durées de conservation à l'état congelé. Chez le poulet, la durée de conservation de la cuisse (12 mois) est plus faible que celle du blanc (16 mois) (Ristić, 1982).

Traitements technologiques et stabilité à l'oxydation de la viande congelée

Traitements mécaniques

Les traitements mécaniques (hachage, broyage, malaxage, etc.) entraînent la rupture des compartiments cellulaires et la mise en contact des lipides avec les agents pro-oxydants (pigment héminique, fer, oxygène). Ainsi, les produits hachés s'oxydent-ils plus rapidement que les morceaux entiers.

Les viandes séparées mécaniquement (VSM) constituent des produits particulièrement sensibles à l'oxydation, y compris à l'état congelé (Gandemer,

1990 ; Ma, 1991). La durée de vie à l'état congelé de ces produits est de quelques mois seulement, même quand un maximum de précautions sont prises (conditions de fabrication des VSM, vitesses de réfrigération et de congélation, température de stockage, emballage sous vide ou sous atmosphère inerte, anti-oxydants, etc.) (Froning, 1981 ; Dawson et Gartner, 1983 ; Sebranek, 1996).

Salage – Saumurage

Le sel (NaCl) est l'un des facteurs qui contribue à limiter la stabilité à l'oxydation des produits carnés. Il amplifie l'activité des catalyseurs de l'oxydation, soit en modifiant directement la réactivité du fer par interaction avec l'ion chlorure, soit parce que l'ion sodium entraîne le déplacement d'une partie du fer fixé par les macromolécules, soit du fait de l'activation de l'ion chlorure par la myéloperoxydase. Le sel peut également entraîner des modifications dans l'organisation cellulaire et favoriser ainsi l'oxydation. Il provoque une diminution des activités des enzymes anti-oxydantes endogènes (glutathion peroxydase, catalase et superoxyde dismutase) sans toutefois amplifier l'inactivation de ces enzymes liée à la conservation à l'état congelé (Lee *et al.*, 1997). Le ferrocyanure de potassium, utilisé dans le sel comme agent anti-agglomérant pourrait également intervenir dans les effets observés (Hansen *et al.*, 1996). L'effet pro-oxydant du sel sur la conservation à – 10 °C de steaks de bœuf, porc et dinde, évalué par la mesure des substances réactives à l'acide thiobarbiturique (srTBA) est illustré par la figure 11 (Akamittath *et al.*, 1990). Cet effet pro-oxydant est amplifié par la lumière (Andersen et Skibsted, 1991).

L'oxydation rapide des produits saumurés et/ou salés conservés à l'état congelé se traduit par une dégradation de leur flaveur qui peut être accompagnée de modifications de texture. La durée de conservation de ces produits n'est souvent que de quelques semaines. Par exemple, au cours des essais pratiqués par Jeremiah (1980), la durée de conservation du bacon congelé à – 30 °C n'excédait pas 10 semaines, celle de steaks de jambon saumuré 6 mois, alors que côtes et épaules non salées ont pu être conservées plus de 9 mois sans modification perceptible de leurs caractéristiques sensorielles.

Cuisson et conservation à l'état congelé des produits cuits

La cuisson de la viande conduit à la libération de fer par dénaturation de la myoglobine, à la génération de formes activées pro-oxydantes de la myoglobine, à la rupture des membranes cellulaires mettant en contact les acides gras poly-insaturés des membranes cellulaires et les agents pro-oxydants, à la décomposition thermique des hydroperoxydes et à la dénaturation des systèmes de protection enzymatiques cellulaires. Elle provoque ainsi une augmentation importante du niveau d'oxydation des lipides et la production de composés volatils dont la présence, avec les produits volatils issus de la réaction de Maillard, est indispensable à la flaveur de la viande cuite. Cette induction marquée de l'oxydation réduit la stabilité des produits cuits. En effet, au cours de leur conservation, ces produits ont tendance à développer des odeurs désagréables ou du moins atypiques (*warmed-over-*

flavour = WOF[7]) (Tim et Watts, 1958). L'origine de ces défauts de flaveur est d'une part due à la production de certains produits d'oxydation des lipides, aldéhydes en particulier, en quantités supérieures aux seuils de détection sensoriels et, d'autre part, à la modification des proportions relatives des différents composés aromatiques, rompant les équilibres subtils résultant en l'agréable flaveur de la viande cuite. Pour augmenter la durée de vie des produits carnés cuits et congelés, il est donc particulièrement recommandé de procéder à leur emballage sous vide et de les conserver à une température au plus égale à – 18 °C (Sebranek, 1996). Emballer les produits sous un mélange N_2/CO_2 (80/20) serait également efficace (Hwang *et al.*, 1990) tandis que CO_2 ou N_2 ne protègeraient que modérément de l'oxydation (Nolan *et al.*, 1989). L'ajout de vitamine E dans l'alimentation des animaux constitue un autre moyen de limiter l'oxydation de la viande cuite au cours de sa conservation à l'état congelé (Webb *et al.*, 1972 ; 1974).

Anti-oxygènes et autres ingrédients

Il est possible d'incorporer différents anti-oxygènes[8] de synthèse ou naturels dans des viandes restructurées ou dans des préparations charcutières, dans la mesure où la législation le permet. Le tripolyphosphate de sodium (TPPS) ajouté à de la viande hachée ralentit l'oxydation des lipides (Akamittath *et al.*, 1990 ; Stoick *et al.*, 1991 ; Liu *et al.*, 1992) (fig. 11). Cet effet anti-oxydant des groupements phosphates résulte de leur capacité à chélater le fer qui le rend indisponible pour la catalyse de l'oxydation des lipides et la décomposition des hydroperoxydes. Le TPPS stabiliserait également la cavité de l'hème de la metmyoglobine et réduirait ainsi la catalyse de l'oxydation des lipides par le pigment (Mikkelsen *et al.*, 1992). Les anti-oxydants phénoliques de synthèse (butyl-hydroxy-toluène : BHT ; ter-butyl-hydroquinone : TBHQ ; butyl-hydroxy-anisole : BHA) piègent les radicaux libres. Ils sont capables de fournir un hydrogène aux radicaux lipidiques présents, forment des radicaux stables et stoppent ainsi la propagation de l'oxydation. Au cours de la conservation de la viande à l'état congelé, ces composés auraient tantôt une action limitée (Lai *et al.*, 1991 ; Stoick *et al.*, 1991 ; Akamittah *et al.*, 1990) (fig. 11), tantôt un net effet anti-oxydant (Chastain *et al.*, 1982). Ils augmenteraient la protection offerte par le TPPS (Lai *et al.*, 1991 ; Stoick *et al.*, 1991). L'adjonction de gallate de propyle dans les eaux de préparation du surimi de cœur de

7. La WOF, ou *warmed-over-flavour* correspond à l'apparition d'odeurs et de flaveurs atypiques (banane, poisson,...) lors du réchauffage d'une viande cuite ou précuite. Elle apparaît relativement précocement lors de la conservation à l'état réfrigéré de la viande (48 h environ) et occasionne le rejet du produit par le consommateur.
8. *Anti-oxygène* : substance qui prolonge la durée de conservation des denrées alimentaires en les protégeant des altérations provoquées par l'oxydation, telles que le rancissement des matières grasses et les modifications de la couleur (directive 89/107/CEE). Selon la réglementation, seules les substances énumérées dans la directive peuvent être utilisées dans les denrées alimentaires. Néanmoins différents extraits naturels possèdent des *activités anti-oxydantes* sans que leur utilisation soit à l'heure actuelle soumise à réglementation. Dans cet ouvrage, nous utilisons indifféremment les appellations « anti-oxygène » et « *anti-oxydant* ». Ce dernier terme, de connotation plus générale, est en effet très couramment utilisé. C'est en outre le seul que l'on trouve dans la littérature anglo-saxonne (*anti-oxidant*).

bœuf permet de réduire notablement l'oxydation des lipides et des protéines qui se produisent à – 15 ° C ou – 29 °C (Wang *et al.*, 1997). Lors de la conservation à – 30 °C de bacon saumuré et fumé, l'ajout à la saumure d'un mélange BHA + BHT + gallate de propyle permet d'augmenter la durée de conservation de plus de 80 jours en améliorant notablement l'acceptabilité globale du produit et sa flaveur, alors que les autres combinaisons de ces mêmes anti-oxygènes et d'acide ascorbique ont des effets limités, voire négatifs en présence de gallate de propyle (Jeremiah, 1985).

L'innocuité de ces anti-oxygènes synthétiques est remise en cause depuis quelques années (Barlow, 1990 ; Martel et Pascal, 1992). Il semble donc raisonnable de s'efforcer de réduire l'utilisation des composés les plus suspects comme le BHA et surtout le BHT. Le TBHQ est suspecté de génotoxicité. Il est autorisé aux USA (0,05 mg/kg), mais interdit dans la Communauté Économique Européenne. Les gallates sont autorisés à des doses de 100 mg/kg pour protéger les matières grasses animales et végétales. Ils peuvent donner une coloration bleu-noir en présence de fer, ce qui peut être un inconvénient majeur.

Bien que le caractère naturel d'un composé ne soit pas synonyme d'innocuité, les essais concernant l'utilisation de molécules d'origine naturelle sont de plus en plus nombreux. L'addition de tocophérols est autorisée dans les matières grasses destinées à l'industrie alimentaire à la dose de 500 mg/kg. Les tocophérols présentent des synergies avec de nombreux composés, principalement avec la vitamine C et ses dérivés. Cependant, en présence de métaux et au-delà de 500 ppm ils peuvent être pro-oxydants. En pratique, l'α-tocophérol et l'acétate de tocophérol ajoutés en cours de formulation ne permettent pas de réduire le développement de la WOF dans les produits carnés cuits au cours de leur conservation à l'état congelé ; par contre, le δ-tocophérol serait efficace. De même, un mélange de palmitate d'ascorbyle avec de l'α-tocophérol ne protège pas la viande hachée salée et congelée contre l'oxydation (Akamittath *et al.*, 1990) (fig. 11). L'oléorésine de romarin, sans effet notable sur l'oxydation de la viande hachée quand elle est employée seule, accroîtrait l'effet anti-oxydant du TPPS (Lai *et al.*, 1991 ; Stoick *et al.*, 1991). De même, un mélange de concentré de jus de citron avec du TPPS serait plus efficace pour combattre l'oxydation et préserver la flaveur de différents produits que la combinaison TPPS + emballage sous vide (Haymon *et al.*, 1976). La carnosine (β-Ala-His), dipeptide présent naturellement dans les muscles à des concentrations comprises entre 1 et 20 mM ($2,2.10^{-3}$ à 0,5 % ; p/p), ajoutée à raison de 0,5 à 1,5 % (p/p) réduit significativement l'oxydation des lipides et améliore la flaveur de viande de porc hachée, crue ou cuite, et conservée à – 15 °C (Decker et Crum, 1991 ; Decker *et al.*, 1997) et limite le développement de l'oxydation dans de la VSM de volaille (Chen *et al.*, 1997). Son mécanisme d'action relève de sa capacité à piéger les radicaux libres, à réagir avec les hydroperoxydes et avec certains produits secondaires de la réaction (2-alcénals en particulier) (Kansci *et al.*, 1997). Certains lui attribuent même des propriétés chélatantes. Les protéines de soja et les fibres de pois, ajoutées comme ingrédients (19 % en poids) dans des steaks hachés de bœuf améliorent leur stabilité à l'oxydation (oxydation des lipides et couleur), les fibres de pois ayant l'avantage d'être neutres du point de vue de leur flaveur, contrairement aux protéines de soja (Bertelsen *et al.*, 1991). La chair de cerises possèderait un effet protecteur contre l'oxydation au cours de la conservation de la viande congelée (Liu *et al.*, 1995a). Des épices séchées et leurs extraits dans l'éthanol ont également été testés lors de la conservation à l'état congelé de viandes de poulet et de porc hachées crues ou cuites (El-Alim *et al.*, 1999). Dans cette étude, marjolaine et cumin se sont révélés les plus efficaces pour ralentir l'oxydation dans la viande crue, alors que l'extrait éthanolique de gingembre limiterait le plus l'oxydation de la viande cuite et congelée. De nombreuses autres sources d'anti-oxydants ont été trouvées ces dernières années (anti-oxydants extraits de plantes ou issus de la réaction de Maillard, par exemple) (Shahidi, 1997). Leur efficacité pour protéger la flaveur des produits carnés au cours de leur conservation à l'état congelé reste à étudier.

Emballage

Selon Jul (1984a,b), un emballage adéquat peut prolonger autant la durée de vie d'une viande congelée qu'une diminution d'environ 10 °C de la température de conservation (passage de – 20 à – 30 °C, par exemple).

La meilleure protection est assurée par un emballage étanche à l'oxygène et à l'humidité, étroitement appliqué au produit et scellé sous vide ou rempli avec un gaz inerte. L'aluminium en feuilles, l'éthylène vinyle alcool et le chlorure de polyvinylidène sont particulièrement efficaces pour préserver la flaveur de la viande en raison de leur faible perméabilité à l'oxygène et à l'eau (Sebranek, 1996). Les produits cuits ou hachés, très sensibles à l'oxydation doivent être emballés sous vide dans ces matériaux de faible perméabilité à l'oxygène (Bhattacharya *et al.*, 1988b ; Brewer et Harbers, 1991 ; Sebranek, 1996). Les volailles entières comme les dindes peuvent être emballées dans des films rétractables à la chaleur. Le polyéthylène et le chlorure de polyvinyle, dont les perméabilités sont plus élevées, sont généralement suffisants pour préserver la qualité des grosses pièces de viande (Gokalp *et al.*, 1978, 1979 ; Jeremiah, 1980 ; Lawrie, 1991). Le trempage dans une solution de gélatine de produits charcutiers avant leur congélation permet également de ralentir l'oxydation (Marggrander et Hofman, 1997 ; Villegas *et al.*, 1999).

Figure 11 *– Effet de différents additifs sur l'oxydation des lipides (A) et la couleur (B) de viandes restructurées de bœuf, porc et dinde au cours de leur conservation à – 10 °C (d'après les données de Akamittah* et al.*, 1990).* ▶

Le niveau d'oxydation des lipides est évalué par la mesure des quantités de substances réactives à l'acide thiobarbiturique (sr-TBA) qui caractérise l'évolution de différents produits secondaires de l'oxydation des lipides (malonaldéhyde et divers aldéhydes mono- ou di-insaturés). Cette mesure est généralement considérée comme étant bien corrélée avec l'analyse sensorielle.

Le paramètre aL ou indice de Hunter aL permet d'évaluer l'évolution de la couleur de la viande au cours de sa conservation. La couleur de la viande est alors évaluée par la projection de mesures colorimétriques effectuées à la surface de la viande dans un espace à trois dimensions défini en terme de clarté (L), et de coordonnées chromatiques verte à rouge (aL) et bleu à jaune (bL) (Hunter R.S., 1958. Photoelectric color difference meter. J. Opt. Soc. Am.*, 48, 985-995). L'évolution du paramètre aL traduit généralement bien le passage de la couleur de la viande en surface du rouge vif au brunâtre (viande de bœuf en particulier).*

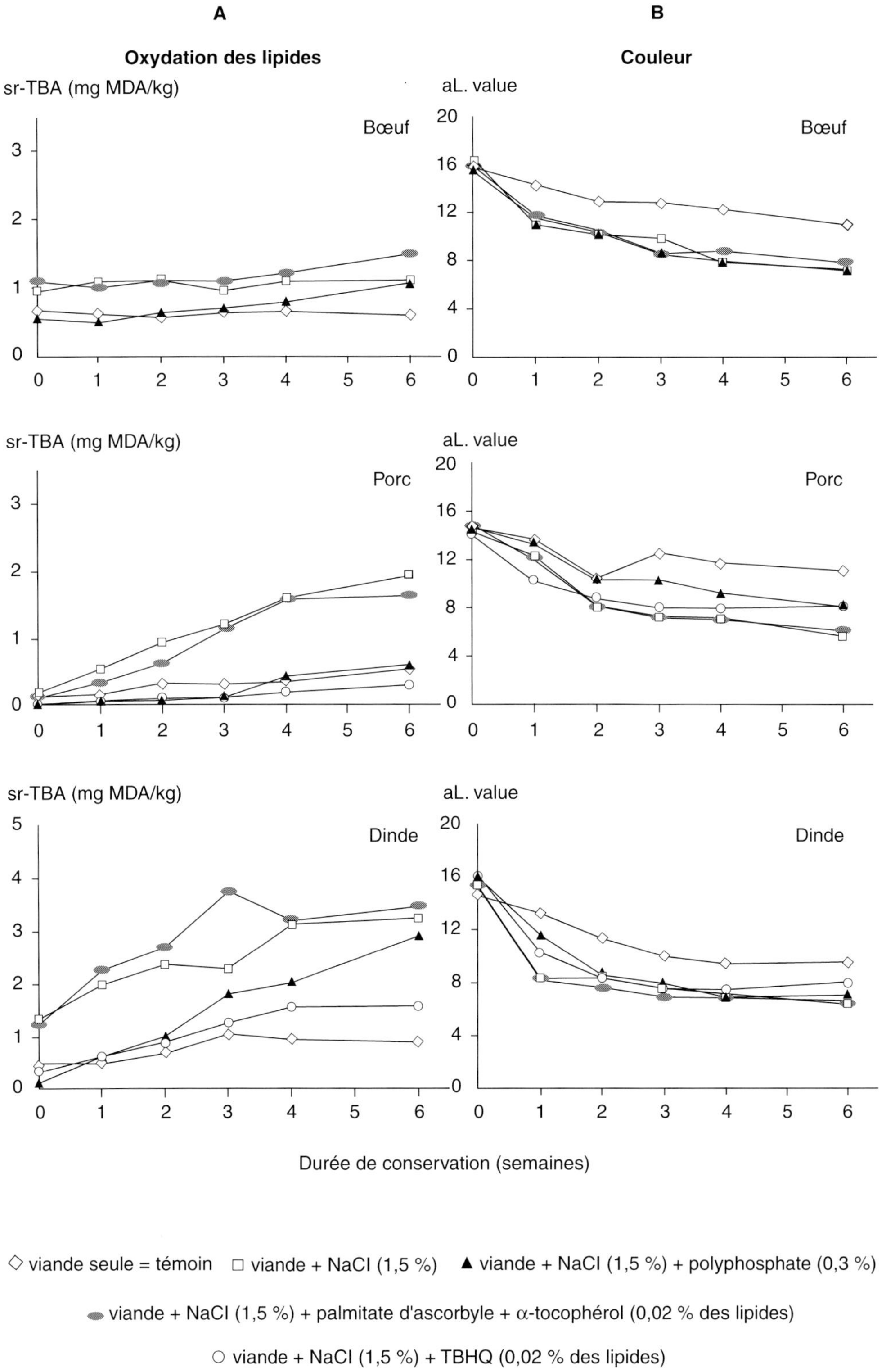
A
B
Oxydation des lipides
Couleur
sr-TBA (mg MDA/kg)
aL. value
Bœuf
Porc
Dinde
Durée de conservation (semaines)
◇ viande seule = témoin
□ viande + NaCl (1,5 %)
▲ viande + NaCl (1,5 %) + polyphosphate (0,3 %)
viande + NaCl (1,5 %) + palmitate d'ascorbyle + α-tocophérol (0,02 % des lipides)
○ viande + NaCl (1,5 %) + TBHQ (0,02 % des lipides)

Effets des conditions de congélation et décongélation sur l'oxydation et la flaveur

Vitesse de congélation et mode de décongélation

La vitesse de congélation n'influence pas significativement la stabilité à l'oxydation de la viande congelée (Daudin, 1988 ; Wanous *et al.*, 1989). De même le mode de décongélation ne semble pas modifier l'appréciation sensorielle de l'odeur et du goût (Ambrosiadis *et al.*,1994).

Température et durée de conservation à l'état congelé

En général, la stabilité à l'oxydation des produits congelés augmente quand la température d'entreposage diminue. Lorsque la température diminue de 10 °C, la durée de conservation de la viande serait multipliée par 2 à 3,5. Cependant, descendre très bas en température ne conduit pas nécessairement à augmenter la durée de vie des produits. Par exemple, alors que, lorsque la température de conservation de viande de bœuf hachée passe de – 12 à – 23 °C, sa stabilité à l'oxydation s'améliore sensiblement ; il n'y a plus d'amélioration lorsque la température passe de – 23 à – 34 °C (Bhattacharya *et al.*, 1988b). Certains produits transformés présentent même une stabilité dite « inverse », c'est-à-dire que leur stabilité diminue si la température est trop basse (fig. 12 et 13). Par exemple, la stabilité optimale des bardières se situe aux environs de – 12 °C (J. L. Vendoeuvre, comm. pers.), celle du bacon non fumé entre – 5 et – 20 °C, tandis que celle du bacon fumé est minimale entre – 24 et – 40 °C et celle des saucisses de Vienne augmente entre – 5 et – 24 °C pour diminuer entre – 24 et – 60 °C (Poulsen et Lindeløv, 1981).

La stabilité à l'oxydation des viandes dépend donc de la température de conservation et de ses fluctuations. Elle dépend aussi de l'ordre dans lequel les changements éventuels de température se sont déroulés. Après un passage de 6 semaines à – 5 °C suivi d'un entreposage à – 10 °C pendant 20 semaines, la viande de mouton est très nettement rance, tandis que si la séquence inverse est appliquée (20 semaines à – 10 °C suivies de 6 semaines à – 5 °C), la viande reste tout à fait acceptable, même s'il est possible de déceler un début d'oxydation (Hagyard *et al.*, 1993).

Flaveur et acceptabilité de la viande congelée

Prévenir des dégradations de la flaveur au cours de la conservation à l'état congelé de la viande et des produits carnés passe en premier lieu par le contrôle de la qualité des matières premières et par une bonne utilisation des emballages. Quand toutes les précautions ont été prises, la flaveur de la viande est peu affectée par la congélation. Par exemple, des côtes de porc conservées à l'abri de la lumière sous emballage protecteur à – 30 °C pendant plus de 6 mois et décongelées à 2 °C pendant 24 heures possèdent les mêmes caractéristiques sensorielles que la viande fraîche (Devine *et al.*, 1996). Il n'y a pas non plus d'apparition d'odeur de rance dans des longes de porc après 6 mois de conservation à l'état congelé dans des conditions anaérobies, mais une dégradation globale de la flaveur se produit : elle paraît moins équilibrée, plus plate, globalement moins appropriée (Jeremiah *et al.*, 1990). Des steaks préparés à partir de viande fraîche possèdent une jutosité, une flaveur et une tendreté meilleures que des steaks préparés avec de la viande congelée 3 semaines à – 20 °C, mais les différences observées entre viande fraîche et viande congelée sont faibles et n'affectent pas notablement la qualité de la viande (Mitchell *et al.*, 1991). Par contre, la viande décongelée possède une moins bonne stabilité à l'oxydation que la viande fraîche (Monahan *et al.*, 1994) ; ce qui amène, en plus des considérations microbiologiques, à conseiller de ne pas conserver la viande après sa décongélation.

Enfin, pour préserver jutosité et flaveur de la viande, il paraît préférable de la cuire sans la décongeler. Si la décongélation est indispensable, le mode de décongélation influence peu la flaveur de la viande, avec toutefois une faible préférence pour la décongélation au réfrigérateur par rapport aux décongélations à température ambiante ou aux micro-ondes.

Congélation et couleur de la viande

Couleur et aspect de la viande sont souvent les facteurs déterminant l'achat ou le rejet par le consommateur. Pour les viandes bovines et ovines, brûlures par le froid et brunissement de la viande doivent être évités. Pour les volailles et la viande blanche, la couleur de la viande doit rester pâle et le brunissement des os des jeunes volailles est à proscrire.

Taille des cristaux et aspect de la viande congelée

Selon la taille des cristaux de glace, la lumière est plus ou moins réfléchie à la surface des morceaux de viande congelée. Ainsi, lorsque la vitesse de congélation à la surface est élevée, les cristaux sont petits et réfléchissent la lumière. Le produit possède alors une couleur pâle, voire blanchâtre qui va être recherchée dans le cas des volailles congelées. Par contre, dans le cas d'une viande rouge, une couleur trop pâle est jugée défavorablement. Les conditions de congélation doivent donc être adaptées dans le but de maîtriser la taille des cristaux de glace à la surface de l'échantillon. Pour les volailles, une congélation rapide, qu'elle soit cryogénique ou obtenue par un autre procédé, améliore ainsi l'aspect de la viande congelée. Il n'y aurait cependant pas d'effet de la vitesse de congélation sur la couleur de la viande lorsque celle-ci est jugée après décongélation. Il faut bien entendu faire attention aux conditions de conservation de la viande congelée et maintenir une température suffisamment basse.

Oxydation de la myoglobine et brunissement de la viande

Le brunissement de la viande au cours de sa conservation est dû à l'oxydation de la myoglobine oxygénée ou oxymyoglobine (MbO_2) rouge vif qui se transforme au cours de la conservation en myoglobine oxydée ou metmyoglobine (MetMb) de couleur brune. Dans le cas de la viande de bœuf, ce changement de couleur entraîne un rejet de la part du consommateur lorsque le taux de metmyoglobine en surface dépasse 40 % (Renerre et Mazuel, 1985).

La stabilité de la myoglobine dans le tissu musculaire dépend de l'espèce animale, des caractéristiques biochimiques du muscle et de paramètres extérieurs tels que la pression partielle en oxygène et la température. Parmi les caractéristiques biochimiques, le type métabolique des fibres musculaires et le pH sont particulièrement importants. La stimulation électrique des carcasses, le désossage à chaud, la vitesse de refroidissement des carcasses influent également sur la stabilité de la couleur de la viande (Renerre, 1990).

L'oxydation de l'oxymyoglobine à la surface de la viande est la résultante de processus de décomposition photochimique et thermique. Dans la viande congelée, l'autoxydation du pigment est considérablement ralentie et la photo-oxydation peut devenir le problème majeur. En effet si la vitesse d'autoxydation du pigment est divisée de deux à cinq fois lorsque la température chute de 10 °C, avec un maximum local situé entre – 10 et – 15 °C lié à la cryoconcentration des solutés (Zachariah et Satterlee, 1973), la photo-oxydation n'est que peu ralentie par l'abaissement de température (Andersen *et al.*, 1989). Ainsi, a-t-il été montré que la couleur de la viande de bœuf congelée reste acceptable après 3 mois à – 18 °C, si la viande est conservée dans le noir. Par contre, à la lumière, la couleur devient inacceptable en 3 jours (MacDougall, 1982). L'utilisation d'emballages opaques aux UV permet de ralentir la vitesse de décoloration de la viande congelée et conservée dans les armoires de présentation des magasins d'alimentation (Andersen et Skibsted, 1991). La pression en oxygène est également un facteur très important. De ce fait, emballer les produits sous vide dans des emballages imperméables à l'oxygène permet d'améliorer la stabilité de la couleur. Selon Lanari *et al.* (1989), la couleur de viande de bœuf emballée sous film perméable à l'oxygène (polyéthylène) est très altérée dès 16 jours à – 13 °C et 32 jours à – 20 °C. Par contre, elle reste acceptable pendant plus de 250 jours à ces mêmes températures si elle est emballée sous vide dans un emballage étanche à l'oxygène. Néanmoins, la viande doit alors être oxygénée préalablement à la congélation pour qu'elle développe la teinte rouge-vif recherchée par le consommateur. Effectuée à l'air, cette opération dure environ 48h, mais 6 heures sont suffisantes, et la stabilité de la couleur est accrue, en présence d'oxygène pur (Lanari *et al.*, 1995 ; Liu *et al.*, 1995b). Contrôler la pression en oxygène au cours d'opérations préalables à la congélation telles que hachage et malaxage peut également permettre de maîtriser l'évolution de la couleur des produits au cours de leur conservation (Mandigo et Osburn, 1996).

De nombreux autres facteurs tels que l'espèce animale, les traitements des carcasses *post mortem*, l'adjonction de sel (NaCl) ou d'autres ingrédients jouent sur la stabilité de la couleur de la viande congelée. La détérioration de la couleur de viande hachée conservée à – 10 °C sous film polyéthylène est la plus rapide pour la viande de dinde, suivie par celle de porc, puis celle de bœuf (Akamittath *et al.*, 1990). Une augmentation du délai de conservation de la viande avant sa congélation conduit à un accroissement des vitesses d'oxydation de la myoglobine et des lipides (Ledward et MacFarlane, 1971). La stabilité de la couleur de la viande de bœuf désossée à chaud, hachée et congelée avant l'installation de la *rigor mortis* est meilleure que celle fabriquée avec de la viande prélevée après refroidissement des carcasses (Andersen *et al.*, 1990). L'addition de sel accélère le brunissement (fig. 12) (Akamittath *et al.*, 1990 ; Mandigo et Osburn, 1996), cet effet étant plus marqué que lorsqu'il est occasionné par la lumière (Andersen et Skibsted, 1991). Dans la viande hachée, ni l'incorporation de phosphates (0,3 %), ni celle d'un mélange palmitate d'ascorbyle/α-tocophérol (0,02 % des lipides) ou de TBHQ (0,02 % des lipides) ne tempèrent cet effet (fig. 11) (Akamittath *et al.*, 1990). Par contre, dans la viande de porc hachée et salée, la carnosine (1,5 %) aurait un effet positif sur la couleur, contrairement au BHT (0,02 % des lipides), à l'α-tocophérol (0,02 % des lipides) et au tripolyphosphate de sodium (0,5 %) (Decker et Crum, 1991). La présence de plus de 200 mg/kg de vitamine E dans les aliments permet également d'améliorer la stabilité de la couleur des viandes de porc, bœuf, poulet et mouton congelées (Monahan *et al.*, 1994 ; Liu *et al.*, 1995b ; Guidera *et al.*, 1997 ; Faustman *et al.*, 1998), mais pas celle de la viande de dinde (Mercier *et al.*, 1998b). Le gain est directement fonction du niveau de supplémentation en vitamine et donc de la concentration intramusculaire. L'hypothèse qui prévaut actuellement pour expliquer cette protection de la couleur de la viande par le tocophérol endogène est que le tocophérol protège indirectement l'oxymyoglobine en inhibant l'oxydation des lipides (Faustman *et al.*, 1998). Cette hypothèse vaut dans la plupart des cas précédents où effets pro- ou anti-oxydants de différents facteurs (NaCl, oxygène, anti-oxygènes,...) se retrouvent à la fois vis-à-vis de l'oxydation des lipides et de la stabilité de la couleur. Néanmoins, si dans la viande, oxydation des lipides et oxydation de la myoglobine sont des phénomènes étroitement corrélés, la nature exacte des relations entre ces deux phénomènes n'est pas complètement comprise (Genot *et al.*, 1990 ; Kanner, 1994 ; Liu *et al.*, 1995b ; Chan *et al.*, 1997 ; Faustman *et al.*, 1998).

Enfin, la stabilité de la couleur de la viande congelée, puis décongelée est plus faible que celle de la viande fraîche. En effet, la congélation réduit la stabilité à l'oxydation de la myoglobine, lorsque celle-ci est ramenée à des températures positives, en raison de changements de conformation de la molécule (Chow *et al.*, 1989).

Brûlure au froid

La déshydratation superficielle des morceaux congelés lors de leur conservation provoque l'apparition de taches brunes sur les viandes rouges, appelées brûlures au froid. Cette déshydratation superficielle favorise les phénomènes de dénaturation des protéines et d'oxydation des lipides et de la myoglobine. La congélation par convection forcée des produits nus favorise cette altération. Pour l'éviter et limiter les pertes économiques qu'elle entraîne, il est conseillé d'emballer les produits avant congélation avec un film rétractable imperméable à la vapeur d'eau (Daudin, 1988 ; Mandigo et Osburn, 1996).

Brunissement des os et des chairs des jeunes volailles congelées

La chair située à proximité des os des jeunes volailles congelées a tendance à présenter un aspect brunâtre peu appétissant. Ce phénomène est dû à un passage dans le muscle d'hémoglobine provenant de la moelle osseuse. Il peut être en grande partie évité en ne décongelant pas les volailles avant cuisson ou en congelant la viande cuite (Sebranek, 1996).

Autres altérations de l'aspect et de la couleur

Ces altérations comprennent une coloration jaune des tissus adipeux liés à la lipolyse (Daudin, 1988), les déformations des morceaux à la congélation et les fractures et fissures liées aux changements de volume lors de la congélation.

Congélation et qualités nutritionnelles de la viande

Du point de vue nutritionnel, la viande se caractérise par un apport important en protéines et acides aminés (40 % d'acides aminés essentiels), en minéraux (en particulier en fer dans les viandes rouges et les abats), en vitamines du groupe B (thiamine, riboflavine, pyridoxine et cobaline) et en acides gras polyinsaturés à chaîne longue (en particulier acides gras de la série n-6 chez les volailles) (Lawrie, 1991 ; Gandemer, 1992). Pour la plupart de ces nutriments, l'impact de la congélation est modéré.

En ce qui concerne les acides aminés essentiels, quelques pertes quantitatives se produisent lors de la décongélation, par entraînement physique de protéines solubles et d'acides aminés dans l'exsudat. En tout état de cause, ces pertes ne représentent que quelques pour cent et leur impact nutritionnel peut-être considéré comme négligeable (Jul, 1984a,b).

De même, la décongélation amène une perte de fer car de la myoglobine est solubilisée dans l'exsudat. Ces pertes sont de l'ordre de quelques %. Cependant, même si la viande contribue pour une large part à l'apport journalier en fer, sous une forme particulièrement assimilable, et si une fraction importante de la population souffre de déficit en cet élément, les conséquences nutritionnelles des pertes de fer dues à l'utilisation de viande congelée sont probablement très limitées.

Les pertes quantitatives d'acides gras essentiels au cours de la conservation à l'état congelé des viandes restent également limitées à l'exception de quelques cas comme celui des viandes séparées mécaniquement (Gandemer, 1990). Néanmoins, l'oxydation des lipides qui se produit au cours de la conservation à l'état congelé aboutit à la formation de produits primaires (hydroperoxydes, oxydes de cholestérols, etc.) et secondaires (malonaldéhyde, 4-hydroxynonénal, etc.) dont les effets toxiques potentiels ont été rapportés dans les revues de Addis (1986), Kubow (1992) et Paniangvait *et al.* (1995). Des oxydes de cholestérol, dont les effets athérogènes sont reconnus, se forment ainsi au cours de la conservation de la viande à l'état congelé (Pie *et al.*, 1991 ; Kowale *et al.*, 1996 ; Rao *et al.*, 1996). Les conséquences directes de l'ingestion des produits d'oxydation présents dans les produits carnés congelés sont sans doute limitées, mais il convient de s'interroger sur les effets cumulés de ces composés présents à des concentrations diverses dans les aliments de plus en plus élaborés que nous consommons, conjointement avec une diminution des quantités de certains nutriments à effets anti-oxydants (vitamines, sélénium,...). Là encore, la supplémentation des animaux en vitamine E pourrait être l'un des moyens de limiter les quantités de composés d'oxydation formés, donc ingérés.

Les pertes touchant les vitamines du groupe B, pour lesquelles la viande représente plus du quart des apports nutritionnels, ont été examinées de manière plus approfondie, ce d'autant plus que la couverture des besoins vitaminiques est parfois limite comme c'est le cas pour la vitamine B_6. Une étude effectuée dans le cadre du programme COST 91 (Mikkelsen *et al.*, 1984) a mis en évidence tant les difficultés analytiques liées au dosage de vitamines dans la viande au cours d'un procédé technologique que l'effet de la congélation. Dans ce travail, la rétention de la thiamine (vit. B_1) dans les filets de porc conservés à – 12 °C oscille après cuisson entre 80 et 115 % avec une valeur moyenne de l'ordre de 90 % alors qu'à – 24 °C, les valeurs varient entre 40 et 80 % avec une valeur moyenne proche de 50%. Pour la riboflavine (vit. B_2) et la pyridoxine (vit. B_6) les pertes à – 12 °C avoisinent les 10 et 20 % respectivement. Elles sont très erratiques à – 24 °C et il est alors difficile de conclure. Pour la viande hachée, les pertes en vitamines B_1 sont de l'ordre de 80 % et celles en vitamine B_2 sont proches de 85 % après une année de conservation, que ce soit à – 24 ou à – 12 °C, tandis que dans le cas de la vitamine B_6, la rétention est de 122 % à – 12 °C et 107 % à – 24 °C. Ces résultats traduisent le fait que les pertes en vitamines sont très variables en fonction des caractéristiques du produit, des traitements subis et enfin des procédures analytiques. Les résultats de différents travaux concernant les effets des étapes de congélation et de décongélation, de la vitesse de congélation, de la durée de congélation et de variations de température au cours du stockage ont été analysés par Jul (1984a). Il en résulte que les pertes en vitamines dans de la viande décongelée devraient être inférieures à 25 % pour la vitamine B_1, à 15 % pour la B_2, à 10 % pour la niacine et de l'ordre de 20-50 % pour la pyridoxine (Delaunay et Rosset, 1980 ; Jul, 1984a ; Mallet, 1994). Comme les produits carnés sont généralement consommés cuits, il faut également tenir compte de l'impact de la congélation sur la rétention des vitamines lors de la cuisson. Les résultats rapportés par Jul (1984a) font apparaître que les pertes en vitamines du groupe B sont plus importantes lorsque la viande est congelée, puis cuite, que lorsque la viande est cuite directement. Ces pertes sont souvent supérieures à 50 % de la quantité initialement présente dans la viande fraîche. Néanmoins, il semble que les pertes vitaminiques soient plus importantes lors d'un maintien au chaud d'un plat préparé (cas de la liaison chaude en restauration collective) que lorsque le même plat est congelé et réchauffé juste avant consommation (Jul, 1984a).

Préservation de la qualité des viandes au cours de la congélation

Les principaux facteurs qui sont susceptibles d'influencer la qualité de la viande congelée et qui ont été détaillés dans les chapitres précédents, sont rassemblés dans l'encadré ci-dessous.

Principaux facteurs influençant la qualité de la viande congelée

Caractéristiques du produit
- espèce animale, caractéristiques génétiques, âge, alimentation (lipides et vit. E)
- conditions de transport et d'abattage
- traitements *post mortem* (stimulation électrique, refroidissement des carcasses, désossage à chaud, congélation *pre* ou *post rigor*, temps de maturation, ...)
- muscle (type métabolique)
- qualité microbiologique
- taille et forme des morceaux
- composition
- traitements avant congélation (hachage, saumurage, cuisson, ...)

Emballage

Conditions de congélation
- procédé de congélation
- vitesse et temps de congélation

Conditions de conservation à l'état congelé
- température de conservation
- durée de conservation
- fluctuations de température

Décongélation
- vitesse
- procédé de décongélation
- décongélation, tempérage ou cuisson à l'état congelé

Mode d'utilisation du produit congelé

Certains de ces facteurs ne sont pas indépendants : par exemple, la composition dépend de l'alimentation ; vitesse et temps de congélation dépendent de la taille et de la forme des morceaux et de la présence d'un emballage, de même que la vitesse de décongélation.

Qualité des matières premières et traitements avant congélation

Pour résumer ce qui a été exposé dans les chapitres précédents, il apparaît que les événements antérieurs à la congélation proprement dite influencent au moins autant la qualité de la viande congelée que le traitement de congélation lui-même. On peut citer comme exemples l'influence de l'alimentation des animaux (cf. p. 53), celle du stress avant abattage et celle du délai entre abattage et congélation.

La façon de manipuler et de transporter les animaux avant abattage joue sur la qualité de la viande et sur sa durée de vie. La fatigue, le stress peuvent produire des viandes exsudatives (PSE : *pale, soft and exsudative*) ou à coupe sombre (DFD : *dark, firm and dry*) qui se conservent mal à l'état congelé. Dans le cas des viandes PSE, les pertes par exsudation sont particulièrement importantes et les rendements de salaison sont faibles (Jeremiah et Wilson, 1987).

La stimulation électrique des carcasses permet d'éviter la contraction au froid et de réduire le délai qui sépare l'abattage de la congélation. Il devient ainsi possible d'abaisser la température de viande de mouton à – 4 °C en 12 heures, et de produire une viande de bonne qualité qui peut être conservée à – 10 °C plus de 2 ans (Winger, 1984 ; Devine *et al.*, 1996). La durée de vie du produit est diminuée de 25 % si la viande est conservée à l'état réfrigéré 24 heures de plus avant congélation. Une faible température d'établissement de la *rigor* permettrait d'améliorer la couleur de la viande de bœuf congelée (Farouk et Swan, 1998b).

Les poulets doivent être conservés moins de 6 jours avant congélation sous peine de détérioration de la qualité des produits, un refroidissement des carcasses par immersion étant préférable au refroidissement à l'air (durée de vie et caractéristiques sensorielles améliorées) (Ristić, 1982). De même, pour le porc et le mouton, la durée de conservation à l'état congelé diminuerait avec le temps passé à l'état réfrigéré avant congélation. Dans la viande de bœuf, il n'y aurait pas d'effet de la vitesse de refroidissement des carcasses sur la durée de vie à l'état congelé (James, 1995).

Choix des procédés de congélation et décongélation

Procédés de congélation

Comme cela a été détaillé précédemment, contrairement à l'idée couramment admise, la vitesse de congélation a des effets relativement modérés sur la qualité de la viande congelée. Aussi, le choix du procédé de congélation repose-t-il essentiellement sur des critères techniques tels que la consommation d'énergie et l'optimisation des chaînes de production. La nature du produit, en particulier de la taille des morceaux, va également orienter ce choix. Dans le tableau 5 figurent les méthodes de congélation les plus couramment utilisées pour congeler les produits carnés.

En général, la congélation en tunnels ventilés est réservée aux grosses pièces, mais, même dans ces conditions, il est difficile de congeler des quartiers

Tableau 5 – Choix du matériel de congélation en fonction du type de produit carné (adapté de Mallet, 1994).

Produit	**Congélateur**						
	1	2	3	4	5	6	7
Carcasses	***						
Viandes en cartons (20-30 kg)	***	***					
Volaille entière	***, E	***, E					
Poulet portions	*, E		***	***		**, E	***
Porc ou bœuf portions	*, E		***	***		**, E	***
Steak haché cru	*, E		***	***		**, E	***
Boulette de viande crue	*, E		***	***		**, E	***
Boulette de viande frite	*, E		***	***	***	**, E	***
Viande en morceaux	*, E		**	***/**	***	*, E	***

1 : tunnel stationnaire ; 2 : tunnel transporteur ; 3 : à bande transporteuse ; 4 : à bande en spirale ; 5 : lit fluidisé ; 6 : à plaques ; 7 : cryogénique.
*** : très bien ; ** : bien ; * : utilisable ; E : emballage du produit avant congélation recommandé.

de bœuf ou des cartons de plus de 25 kg en moins de 24 heures. Les congélateurs à plaques sont plus rapides et plus efficaces, mais leur utilisation est limitée à des produits tels que le foie (James, 1996). La congélation cryogénique est réservée à des pièces de petite taille et à forte valeur ajoutée. C'est le cas des produits IQF (*individual quick freezing*).

Procédés de décongélation

La décongélation est une étape particulièrement critique, essentiellement pour des raisons sanitaires. D'un point de vue thermique, la décongélation n'est pas strictement l'inverse de la congélation, car la glace possède une conductivité thermique plus élevée que l'eau (fig. 3). La viande congelée est donc un meilleur conducteur de la chaleur. Lors de la décongélation, la température de la glace augmente relativement rapidement pour se stabiliser aux alentours de – 5 °C, température à partir de laquelle le processus de fusion de la glace commence à être appréciable. Au fur et à mesure que ce « front de décongélation » avance, une couche de produit décongelé tend à isoler le centre encore congelé, réduisant le transfert de chaleur.

Les viandes congelées sont utilisées, soit après décongélation partielle (tempérage) ou totale, soit sans décongélation. Cette dernière pratique est conseillée quand elle est envisageable. C'est ainsi que différentes viandes congelées sont présentées prêtes à cuire (escalopes, côtelettes, beefsteaks, viande hachée, volailles, plats cuisinés). La décongélation partielle ou tempérage consiste à élever la température du produit jusqu'à une température comprise entre – 5 et – 2 °C. Ce procédé est utilisé pour limiter les risques sanitaires préalablement aux opérations telles que hachage, malaxage ou mise en forme. Elle se généralise également lors de l'utilisation des viandes désossées mécaniquement. La décongélation est par contre inévitable pour les

Tableau 6 – Comparaison des différents procédés de décongélation (adapté de Durosset, 1993).

Procédé	Avantages	Inconvénients	Exemple de temps
Air	- peu d'investissement - peu coûteux en exploitation	- temps de décongélation long - risque microbien - hétérogénéité de la température - exsudation - procédé discontinu	quartiers bovins : 40-48 h
Air pulsé	- plus rapide que air non pulsé - meilleure qualité des produits - procédé continu possible - investissement limité	- temps long pour les grosses pièces	plaque sardine (65 mm épaisseur) : 2 h 30-3 h thon 3,7 kg : 5 h
Immersion dans l'eau	- bon coefficient de transfert thermique en surface - procédé continu possible - investissement limité	- lixiviation du produit - pertes quantitatives et qualitatives - consommation d'eau + rejet d'effluents - risques microbiologiques	
Aspersion	- bon coefficient de transfert thermique en surface - réduction de la consommation d'eau possible	- lixiviation du produit - pertes quantitatives et qualitatives - consommation d'eau + rejet d'effluents - risques microbiologiques	4 t poissons : 2 h
Vapeur sous vide	- bon coefficient de transfert thermique en surface - préservation qualités organoleptiques et bactériologiques	- épaisseur du produit limitée à 10 cm - discontinu - investissement	1 t poitrine porc : 3-4 h
Micro-ondes	- rapide - continu - diminution exsudation	- forme, conditionnement et hétérogénéité de composition à considérer - surchauffes locales possibles - épaisseur du produit limitée à 20 cm pour 2 450 MHz - investissement	815-915 MHz : 30 kg en 5 min à 3 t/h
Chauffage ohmique	- rapide - réduit l'exsudation	- forme, conditionnement et hétérogénéité de composition à considérer - discontinu et immersion - investissement	
Haute pression	- rapide - réduit l'exsudation - pasteurisation partielle	- décoloration possible - discontinu - investissement	

grosses pièces de viande. Pour préserver les qualités des produits, la décongélation devrait à la fois :

- permettre d'éviter la formation de gradient de température pour éviter les phénomènes de recristallisation ;
- être rapide pour empêcher les altérations chimiques, tout en laissant un temps suffisant pour permettre la réabsorption d'eau par les cellules et limiter ainsi l'exsudation ;
- réduire le temps pendant lequel la température du produit est supérieure à + 1 °C pour empêcher la multiplication des micro-organismes psychrotrophes.

Le tableau 6 adapté de Durosset (1993) résume les principales caractéristiques des différents procédés de décongélation. Les techniques classiques de décongélation consistent à placer le produit dans un milieu extérieur chaud. L'échange de chaleur avec le fluide chaud (air, eau, vapeur sous vide, plaques chauffantes) entraîne inéluctablement la formation d'un gradient de température. La décongélation est alors très lente. Ainsi, la décongélation de carcasses de moutons prend une dizaine d'heures et celle de quartiers de bœuf ou de pièces de viande de 25 kg, de 1 à 3 jours (James, 1996). La décongélation par réchauffement interne par effet Joule (chauffage ohmique), par micro-ondes ou par les hautes fréquences peut être envisagée. Parmi ces techniques, celles de tempérage par micro-ondes ou par hautes fréquences connaissent à l'heure actuelle des applications industrielles (Durosset, 1993 ; Dutto et Maestrali, 1995). Des essais relatifs à l'utilisation des ultrasons ont également donné des résultats intéressants pour des fréquences proches de 500 kHz (Miles *et al.*, 1999).

La décongélation par haute pression (200 MPa ou plus) pourrait se développer dans l'avenir si les problèmes de coût sont surmontés (Kalichevsky *et al.*, 1995 ; Zhao *et al.*, 1998). Ce procédé permet de réduire d'au moins 3 à 4 fois le temps de décongélation par rapport à un procédé classique (Le Bail *et al.*, 1997). Par exemple, la décongélation de 2kg de bœuf congelé ne prendrait que 80 min à 200 MPa, alors que 7 heures sont nécessaires lors d'une décongélation à pression atmosphérique à 5 °C (Zhao *et al.*, 1998). La vitesse de décongélation ne dépend plus avec cette technique des dimensions de la pièce considérée (Zhao *et al.*, 1998). Les risques de croissance des cristaux de glace par fusion – recristallisation sont limités, ce qui réduirait de 5 à 10 % le volume d'exsudat à la décongélation. De plus, les risques de croissance des micro-organismes au cours de la décongélation sont réduits. Elle pourrait même avoir un léger effet de pasteurisation. Cependant, une détérioration de la couleur pourrait se produire (Le Bail *et al.*, 1997 ; Goutefongea *et al.*, 1995).

Durée de conservation – Facteurs TTT et PPP

La qualité d'une viande congelée intègre ses caractéristiques microbiologiques, sensorielles (texture, flaveur et couleur), nutritionnelles et technologiques. Comme il a été détaillé plus haut, ces caractéristiques dépendent :

- de la nature du produit et de sa qualité au moment de la congélation,
- de son conditionnement,

– de la température d'entreposage et de ses fluctuations,

– de la durée de l'entreposage,

– de la façon dont ont été conduites les opérations de congélation et décongélation.

L'ensemble de ces facteurs sont pris en compte dans les concepts PPP (*Product – Process – Packaging*) et TTT (*Time – Temperature – Tolerance*) qui permettent de déterminer des durées pratiques de conservation.

Facteurs tolérance-temps-température (facteurs TTT)

Cette démarche est basée sur deux postulats :

– pour chaque produit alimentaire, il existe une relation entre la température de stockage et la durée pendant laquelle il pourra être conservé sans altération de sa qualité. Schématiquement, une diminution de la température d'entreposage de 10 °C multiplie par 2 à 3,5 la durée de vie des produits (Jul, 1984a ; Sebranek, 1996) ;

– les changements se produisant pendant le stockage et au cours de la distribution des produits sont cumulatifs et irréversibles et l'ordre dans lequel ces modifications ont lieu n'influence pas le résultat final.

Les courbes représentant l'évolution de la qualité d'un produit au cours du temps peuvent être établies pour différentes températures d'entreposage. La durée de conservation est alors définie par le temps à partir duquel la baisse de la qualité est significative (fig. 12). Les limites de la démarche résident dans la méthode d'évaluation de la qualité (tests sensoriels auxquels sont associées ou non des mesures physico-chimiques), dans le fait que la qualité initiale du produit n'est pas prise en compte, et dans l'hypothèse de la non-influence de l'ordre de déroulement des événements. En outre, la relation température de stockage - durée de vie telle qu'énoncée ci-dessus n'est pas vraie pour un certain nombre de produits. C'est le cas des produits à stabilité inverse (cf. p. 60 et fig. 12).

Facteurs produit-procédé-emballage (facteurs PPP)

Cette démarche prend en compte, en plus de la température de stockage, la qualité du produit avant congélation (*product*), les traitements après abattage, la méthode de congélation (*process*) et la qualité des matériaux d'emballage (*packaging*).

Des courbes TTT, PPP pour différents produits sont rapportées dans les ouvrages de Jul (1984a) et de l'Institut International du Froid (IIF, 1986).

Durée pratique de conservation et maintien en haute qualité

La durée pratique de conservation (*practical storage life* : PSL) est la durée d'entreposage à l'état congelé pendant laquelle le produit conserve ses propriétés caractéristiques et demeure propre à la consommation en l'état ou à la transformation à laquelle il est destiné.

Le maintien en haute qualité (*high quality life* : HQL) correspond au temps écoulé entre le moment où est congelé un produit d'excellente qualité

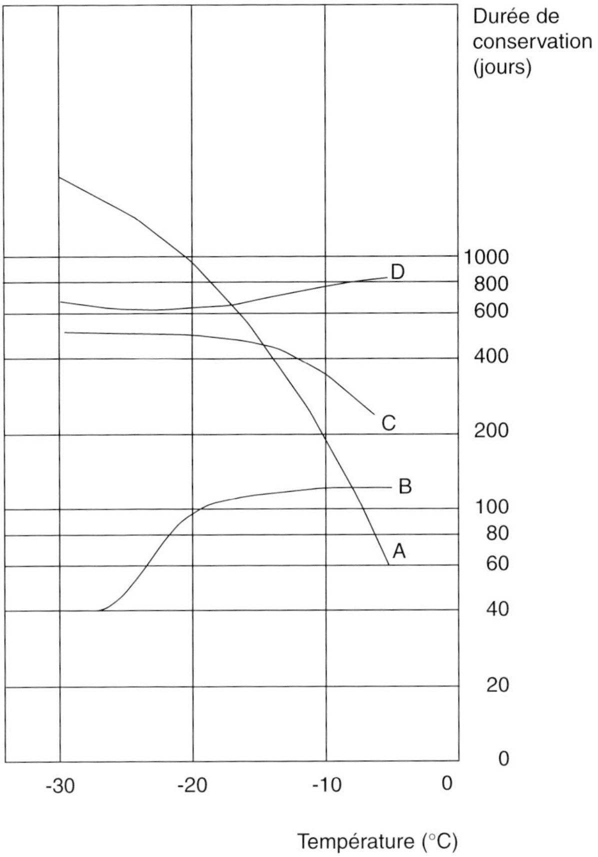

Figure 12 – *Exemples d'estimations de la durée de vie de quelques produits carnés congelés en fonction de la température. A : poulet ; B : bacon emballé dans du polyéthylène ; C : porc emballé sous vide ; D : bacon emballé sous vide (d'après Jul, 1984b).*

et le moment où l'analyse sensorielle permet de déceler une différence statistiquement significative ($p < 0,01$) par rapport à la qualité évaluée immédiatement après congélation. Cette différence est établie par un jury d'analyse sensorielle entraîné.

La durée pratique de conservation est de 2 à 5 fois plus longue que le maintien en haute qualité, sauf pour certains produits particulièrement fragiles pour lesquels la PSL dépasse à peine le maintien en haute qualité (IIF, 1986) (fig. 13).

Des valeurs de PSL et HQL de différents produits peuvent être trouvées dans des ouvrages tels que la synthèse de l'IIF (1986). Quelques-unes de ces valeurs sont rapportées dans le tableau 7 (Evans et James, 1993 ; James, 1995). Il convient de se souvenir que ces données n'ont qu'une valeur indicative, les variations dans les durées de vie de produits *a priori* comparables pouvant être tout à fait considérables en fonction des paramètres qui ont été exposés plus haut. Ceci est mis en évidence par les écarts entre les valeurs extrêmes rappor-

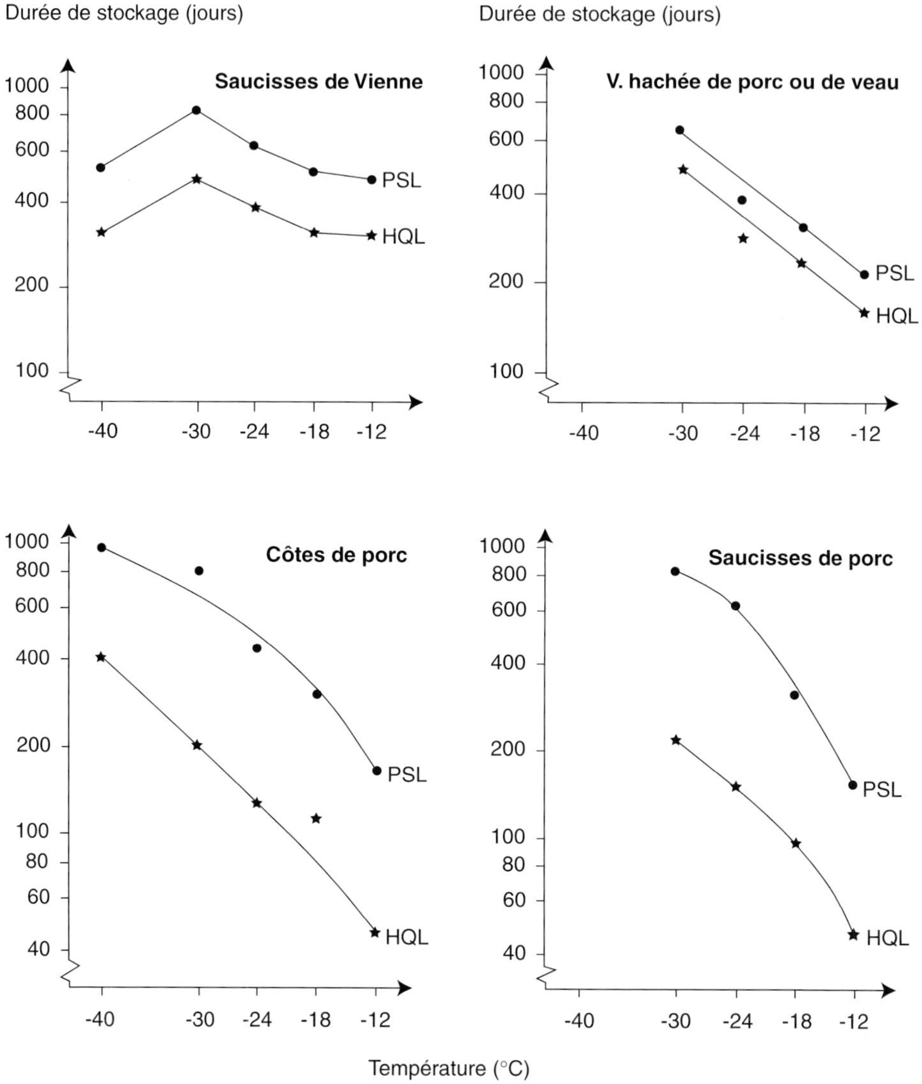

***Figure 13** – Durée pratique de conservation (PSL) et maintien en haute qualité (HQL) de différents produits carnés congelés (Repris de Bech-Jacobsen et Boegh-Soerensen, 1984).*

tées dans le tableau 7. Par exemple, les durées de conservation rapportées dans ce tableau laissent attendre une durée de vie à l'état congelé de la viande de porc plus faible que celle de viande provenant des autres espèces animales alors que différentes études ont montré que la viande de porc est plus stable pendant sa conservation à l'état congelé que la viande de volaille.

Tableau 7 – Durée de conservation à l'état congelé à – 18 °C de la viande de différentes espèces animales.

Espèce animale	Durée pratique de conservation* (mois)	Moyenne des valeurs trouvées dans la littérature	Valeurs extrêmes
Bœuf	**12 et 18**	**10,2**	**2,8-19,4**
Carcasse non emballée	15		
Morceaux	18		
Rôtis, steaks emballés	12		
Viande hachée emballée, non salée	10		
Veau			
Carcasse non emballée	9, 12		
Découpes	12		
Rôti, côtelettes	9		
Porc	**8 et 12**	**17,4**	**2,8-23,3**
Carcasse non emballée	6, 10		
Morceaux	10		
Rôtis, côtelettes	6		
Saucisses	6		
Lard maigre emballé sous vide	12		
Lard non fumé	2-4		
Mouton	**12 et 24**	**7,8**	**2,8-24,3**
Agneau nourri à l'herbe, carcasse non emballée	24		
Morceaux	18		
Poulet	**18**	**13,6**	**6,0-23,3**
Entier	18		
Découpé et emballé	12-18		
Frit	6		
Dinde entière emballée	12-15		
Morceaux emballés	12-15		
Viande séparée mécaniquement			
de cous et de dos de poulet	≥ 3		
de carcasse de dinde	≥ 2		

* Les valeurs indiquées en gras sont reprises de Evans et James (1993) ; les autres valeurs sont extraites des ouvrages de l'Institut International du Froid (IIF, 1972, 1986) ou citées par J. G. Sebranek (1996).

Conclusion

Parmi toutes les techniques utilisées pour conserver la viande et les produits carnés, la congélation constitue certainement une solution des mieux adaptées.

Le respect de règles strictes d'hygiène procure en principe une bonne sécurité à l'endroit des dangers microbiens, parasitaires et toxicologiques. Le principal risque, au regard de la qualité des viandes et des produits carnés congelés, se situe donc au plan d'altérations éventuelles des caractéristiques sensorielles. En effet, des phénomènes essentiellement attachés à l'oxydation des lipides et de la myoglobine, peuvent, sur le long terme, entraîner des effets importuns qui touchent la couleur et la flaveur des produits. Les pertes de poids par sublimation de la glace ou exsudation lors de la décongélation, quoique également redoutées, sont d'une toute autre nature, puisque l'avatar, d'ordre économique, n'affecte que marginalement la qualité du produit.

Dans une majorité de situations, il existe des solutions techniques qui permettent de limiter ces inconvénients. La bonne maîtrise des procédés s'inscrit dans ce cadre général et des mesures, comme le maintien de la température de stockage à un niveau stable ou l'emploi d'emballages spécifiques dans les opérations d'emballage-conditionnement, ont produit des effets positifs. Toutefois, il est patent que ces pratiques ont des effets d'autant plus favorables que les matières premières elles-mêmes, présentent des caractéristiques qui les rendent les mieux aptes à subir le traitement de congélation.

La démarche intégrée, qui prend en compte la qualité originelle de la viande au travers d'indicateurs attachés à différents aspects de la production (caractéristiques d'élevage, alimentation, état sanitaire) et de la première transformation (abattage, réfrigération, maturation), est l'attitude qui devrait s'imposer dans les prochaines années. C'est là, à n'en pas douter, une condition nécessaire à une amélioration de la stabilité, sur le long terme, des produits carnés congelés.

Références bibliographiques

ADDIS P.B., 1986. Occurrence of lipid oxidation products in foods. *Food Chem. Toxicol.*, 24, 1021-1030.

AFF, 1995. *Maîtrise de la chaîne du froid des denrées surgelées.* Guide technique Cemagref, Paris, 120 p.

AFNOR, 1991. Recueil de normes françaises. *Contrôle de la qualité des produits alimentaires. Analyse sensorielle.* 4e éd., AFNOR - DGCCRF, Paris, 326 p.

AFNOR, 1997. *Maîtrise de la chaîne du froid.* 1re éd., AFNOR, Paris, 612 p.

AKAMITTATH J.G., BREKKE C.J., SCHANUS E.G., 1990. Lipid oxidation and color stability in restructured meat systems during frozen storage. *J. Food Sci.*, 55 (6), 1513-1517.

AMBROSIADIS I., THEODORAKAKOS N., GEORGAKIS S., LEKKAS S., 1994. Effects of thawing methods on quality of frozen meat and drip loss (Einfluss verschiedener Auftaumethoden auf Fleischqualitaet und Tausaftbildung). *Fleischwirtschaft*, 74 (3), 284-287.

ANDERSEN H.J., BERTELSEN G., SKIBSTED L.H., 1989. Colour stability of minced beef. Ultraviolet barrier in packaging material reduces light-induced discoloration of frozen products during display. *Meat Sci.*, 25, 155-159.

ANDERSEN H.J., BERTELSEN G., SKIBSTED L.H., 1990. Colour and colour stability of hot processed frozen beef. Result from chemical model experiments tested under storage conditions. *Meat Sci.*, 28, 87-97.

ANDERSEN H.J., SKIBSTED L.H., 1991. Oxidative stability of frozen pork patties. Effect of light and added salt. *J. Food Sci.*, 56, 1182-1184.

AÑON M.C., CALVELO A., 1980. Freezing rate effects on the drip loss of frozen beef. *Meat Sci.*, 4, 1-14.

ARAKAWA K., SAGAI M., 1986. Species differences in lipid peroxide levels in lung tissue and investigation of their determining factors. *Lipids*, 21, 769-775.

ARISTOY M.C., TOLDRÁ F., 1998. Concentration of free amino acids and dipeptides in porcine skeletal muscles with different oxidative patterns. *Meat Sci.*, 50 (3), 327-332.

ASGHAR A., GRAY J.I., BOOREN A.M., GOMAA E.A., ABOUZIED M.M., MILLER E.R., 1991. Effects of supranutritional dietary vitamin E levels on subcellular deposition of α-tocopherol in the muscle and on pork quality. *J. Sci. Food Agric.*, 57, 31-41.

BANON S., CAYUELA J.M, GRANADOS M.V., GARRIDO M.D., 1999. Pre-cure freezing affects proteolysis in dry-cured hams. *Meat Sci.*, 51 (1), 11-16.

BARLOW S.M., 1990. Toxicological aspects of antioxidants used as food additives. In "*Food antioxidants*", B.J.F. Hudson Ed., Elsevier Appl. Sci., London, 253-307.

BECH-JACOBSEN K., BOEGH-SOERENSEN L., 1984. TTT-studies of different retail packed pork products. Proc. Cost 91, Athènes. In "*Thermal processing and quality of foods*", P. Zeuthen, J.C. Cheftel, C. Eriksson, M. Jul, H. Leniger, P. Linko, G. Varela, G. Vos Eds., Elsevier appl. Sci. Pub., London, 716-720.

BEHNKE J.R., FENNEMA O., CASSENS G., 1973. Rates of *post mortem* metabolism in frozen animal tissues. *J. Agric. Food Chem.*, 21, 5-11.

BERRY B.W., LEDDY K.F., ONO K., 1987. Traitement et congélation de tranches de muscle de bœuf préalablement à l'intervention de la rigidité cadavérique. *Sci. Aliments*, 7, 177-188.

BERRY B.W., SCHELLER K.K, LIU Q., SCHAEFER D.M., BIGNER M.E., 1998. Effects of dietary supplementation of vitamin E on frozen storage stability of precooked beef crumbles. *J. Muscle Foods*, 8 (3), 301-314.

BERTELSEN G., OHLEN A., SKIBSTED L.H., 1991. Pea fibre as a source of natural antioxidants in frozen minced beef. *Z. Lebensm. -Unters. Forsch.*, 192, 319-322.

BEVILACQUA A., ZARITZKY N.E., 1980. Ice morphology in frozen beef. *J. Food Technol.*, 15, 589-597.

BEVILACQUA A.E., ZARITZKY N.E., 1982. Ice recrystallization in frozen beef. *J. Food Sci.*, 47, 1410-1414.

BEVILACQUA A.E., ZARITZKY N.E., CALVELO A., 1979. Histological measurements of ice in frozen beef. *J. Food Technol.*, 14, 237-251.

BHATTACHARYA M., HANNA M.A., MANDIGO P.W., 1988a. Effect of frozen storage conditions on yields, shear strength and color of ground beef patties. *J. Food Sci.*, 53, 696-700.

BHATTACHARYA M., HANNA M.A., MANDIGO P.W., 1988b. Lipid oxidation in ground beef patties as affected by time-temperature and product packaging parameters. *J. Food Sci.*, 53, 714-717.

BLOND G., 1990. Congélation – Lyophilisation. *Cah. ENSBANA*, 7, 127-148.

BOLES J.A., SWAN J.E., 1996. Effect of post-slaughter processing and freezing on the functionality of hot-boned meat from young bull. *Meat Sci.*, 44 (1-2), 11-18.

BRAKE N.C., FENNEMA O.R., 1999. Glass transition values of muscle tissue. *J. Food Sci.*, 64, 10-15.

BREWER M.S, HARBERS C.A.Z., 1991. Effect of packaging on physical and sensory characteristics of ground pork in long-term frozen storage. *J. Food Sci.*, 56, 627-631.

BREWER M.S., IKINS W.G., HARBERS C.A.Z., 1992. TBA values, sensory characteristics, and volatiles in ground pork during long-term frozen storage: effects of packaging. *J. Food Sci.*, 57, 558-580.

BUTTKUS H., 1970. Accelerated denaturation of myosin in frozen solution. *J. Food Sci.*, 35, 558-562.

CABANES A., OUHAYOUN J., GILBERT S., 1995. Conservation de la viande de lapin sous forme congelée. Influence de la durée de conservation sur les propriétés physico-chimiques et sensorielles. *Viandes Prod. carn.*, 16 (4), 131-134.

CALIFANO A.N., ZARITZKY N.E., 1997. Simulation of freezing or thawing heat conduction in irregular two-dimensional domains by a boundary-fitted grid method. *Lebensm.Wiss. Technol.*, 30 (1) 70-76.

CARECHE M., COFRADES S., CARBALLO J., COLMENERO F.J., 1998. Emulsifying and gelation properties during freezing and frozen storage of hake, pork, and chicken actomyosins as affected by addition of formaldehyde. *J. Agric. Food Chem.*, 46, 813-819.

CARROLL R.J., CAVANAUGH J.R., RORER F.P., 1981. Effects of frozen storage on the ultrastructure of bovine muscle. *J. Food Sci.*, 46 (4), 1091-1094.

CHAN W.K.M., FAUSTMAN C., RENERRE M., 1997. Model systems for studying pigment and lipid oxidation relevant to muscle-based foods. In "*Natural antioxidants, chemistry, health effects, and applications*", F. Shahidi Ed., AOCS Press, Champaign, IL, USA, 319-330.

CHARPENTIER J., JACQUET B., 1970. Influence du mode de congélation et de décongélation des jambons sur les rendements après saumurage et cuisson. *Journées de la Recherche Porcine en France*, Institut Technique du Porc (Paris), 193-198.

CHASTAIN M.F., HUFFMAN D.L., HSIEH W.H., CORDRAY J.C., 1982. Antioxidants in restructured beef/pork steaks. *J. Food Sci.*, 47, 1779-1782.

CHEAH K.S., CHEAH A.M., KRAUSGRILL D.I., 1995. Effect of dietary supplementation of vitamin E on pig meat quality. *Meat Sci.*, 39, 255-264.

CHEFTEL J.C., CULIOLI J., 1997. Effects of high pressure on meat : a review. *Meat Sci.*, 46 (3), 211-236.

CHEN Y.C., LI K.Y., CHI S.P., TSAI T.C., 1997. Study on the effect of metal-chelating agents on the quality of mechanically deboned chicken meat during frozen storage. *Food Sci.*, Taiwan, 24 (2), 186-194. Résumé FSTA 97-09-S00118.

CHOW C.-J., OCHIAI Y., WATABE S., HASHIMOTO K., 1989. Reduced stability and accelerated autoxidation of tuna myoglobin in association with freezing and thawing. *J. Agric. Food Chem.*, 37, 1391-1395.

CORNET M., BOUSSET J., 1990. Free amino acids and dipeptides in porcine muscles. *Proceedings of the 36th ICoMST*, Havana, 226-231.

DAUDIN J.D., 1988. La congélation. In "*Technologie de la viande et des produits carnés*", J.P. Girard coord., Tec & Doc Lavoisier, Paris, 5-31.

DAWSON L.E., GARTNER R., 1983. Lipid oxidation in mechanically deboned poultry. *Food Technol.*, July, 112-116.

DEATHERAGE F.E., HAMM R., 1960. Influence of freezing and thawing on hydration and charges of the muscle proteins. *Food Res.*, 25, 623-629.

DECKER E.A., CRUM A.D., 1991. Inhibition of oxidative rancidity in salted ground pork by carnosine. *J. Food Sci.*, 56, 1179-1181.

DECKER E.A., CHAN W.K.M., MEI L., MCNEILL-TOMPKINS G.L., 1997. Antioxidant activity of carnosine, a skeletal muscle dipeptide. In "*Natural antioxidants, chemistry, health effects, and applications*", F. Shahidi Ed., AOCS Press, Champaign, IL, USA, 271-282.

DELAUNAY J., ROSSET R., 1980. *Produits surgelés.* Informations techniques des services vétérinaires, ministère de l'Agriculture, France, N° 72-75, 164 p.

DESROSIER N.W., TRESSLER D.K., 1977. *Fundamentals of food freezing.* The AVI Publishing Company, Westport, Connecticut, USA, 629 p.

DEVINE C.E., BELL R.G., LOVATT S., CHRYSTALL B.B., JEREMIAH L.E., 1996. Red meats In "*Freezing effects on food quality*", L.E. Jeremiah Ed., Marcel Dekker, New-York, 51-84.

DE WINNE A., DIRINCK P., 1996. Studies on vitamin E and meat quality. 2. Effect of feeding high vitamin E levels on chicken meat quality. *J. Agric. Food Chem.*, 44, 1691-1696.

DOWNEY G., BEAUCHÊNE D., 1997. Discrimination between fresh and frozen-then-thawed beef m. *Longissimus dorsi* by combined visible-near infrared reflectance spectroscopy: a feasability study. *Meat Sci.*, 45, 353-363.

DRANSFIELD E., 1996. Calpains from thaw rigor muscle. *Meat Sci.*, 43 (3-4), 311-320.

DUCKETT S.K., KLEIN T.A., LECKIE R.K., THORNGATE J.H., BUSBOOM J.R., SNOWDER G.D., 1998. Effect of freezing on calpastin activity and tenderness of callipyge lamb. *J. Anim. Sci.*, 76, 1869-1874.

DUMINIL N., VRINAT G., 1988a. Congélation des denrées. Étude comparée de la voie « mécanique » et de la voie « cryogénique ». II- Comparaison entre les 2 procédés. *Viandes Prod. carn.*, 9 (3), 115-123.

DUMINIL N., VRINAT G., 1988b. Congélation des denrées. Étude comparée de la voie « mécanique » et de la voie « cryogénique ». III- Comparaison entre les deux procédés : la perte de masse. *Viandes Prod. carn.*, 9 (5), 275-280.

DUROSSET P., 1993. La décongélation des produits alimentaires destinés à la transformation industrielle. *Viandes Prod. carn.*, 14, 10-14.

DUTTO T., MAESTRALI B., 1995. Le « tempérage » par micro-ondes dans les IAA. *Rev. Gén. Froid*, mars, 59-62.

EL-ALIM S.S.L.A., LUGASI A., HÓVÁRI J., DWORSCHÁK E., 1999. Culinary herbs inhibit lipid oxidation in raw and cooked minced meat patties during storage. *J. Sci. Food Agric.*, 79, 277-285.

EVANS J., JAMES S., 1993. Freezing and quality. *Food Int. Europe*, 53-56.

FARIAS G., OUALI A., BONNET M., KOPP J., 1989. Effets de la congélation sur quelques caractéristiques musculaires, conséquences sur la maturation des viandes. *Viandes Prod. carn.*, 10 (4), 141-148.

FAROUK M.M., SWAN J.E., 1997. Acceptability and functional propertier of restructured roast from frozen pre-rigor injected beef. *Meat Sci.*, 46 (1), 57-66.

FAROUK M.M., SWAN J.E., 1998a. Effect of rigor temperature and frozen storage on functional properties of hot-boned manufacturing beef. *Meat Sci.*, 49 (2), 233-247.

FAROUK M.M., SWAN J.E., 1998b. Effect of muscle condition before freezing and simulated chemical changes during frozen storage on the pH and colour of beef. *Meat Sci.*, 50 (2), 245-256.

FAUSTMAN C., CHAN W.K.M., SCHAEFER D.M., HAVENS A., 1998. Beef color : the role for vitamin E. *J. Anim. Sci.*, 76, 1019-1026.

FEENEY R.E., YEH Y., 1998. Antifreeze proteins: current status and possible food uses. *Trends Food Sci. Technol.*, 9, 102-106.

FENNEMA O., 1975. Freezing preservation. In *"Principles of food science"*. Part 2 : *"Physical principles of food preservation"*, M. Karel & D.B. Lund Coord. Food science, a series of monographs, USA. O.R. Fennema Ed., Marcel Dekker, New-York, USA, 173-218.

FENNEMA O.R., 1996. Water and ice. In *"Food chemistry"* 3e ed., O.R. Fennema Ed., Marcel Dekker, New York, 17-94.

FERRIER G.R., 1997. Tenderness of meat cooked from fresh, frozen and thawed states. *Proceeding of the 43rd ICoMST* (Auckland, New Zealand), 560-561.

FISHWICK M.J., 1968. Changes in the lipids of turkey muscle during storage at chilling and freezing temperatures. *J. Sci. Food Agric.*, 19, 440-445.

FOEGEDING E.A., LANIER T., 1996. Characteristics of edible muscle tissues. In *"Food chemistry"*, Third edition, O.R. Fennema Ed., Marcel Dekker, New York, 879-942.

FRONING G.W., 1981. Mechanical deboning of poultry and fish. *Adv. Food Res.*, 27, 109-147.

FULLER R.L., 1999. *Guide pratique de la chaîne du froid du producteur au consommateur.* Concerted Action 96/1180. Rapport 1. 21 pages (guide disponible auprès du représentant du programme FLAIR FLOW criaa@rennes.inra.fr).

GANDEMER G., 1990. Les phospholipides du muscle : composition et altération au cours des traitements technologiques. *Rev. Fr. Corps Gras*, 3-4, 75-81.

GANDEMER G., 1992. Les lipides de la viande : vers une estimation précise de leurs apports nutritionnels dans l'alimentation de l'homme. *Cah. ENSBANA*, 8, 25-48.

GANDEMER G., GENOT C., MEYNIER A., 1997. Phospholipids-lipolysis, oxidation and flavour of meat. Proceedings of SCI Oils & Fats Group Symposium *"Animal Fats - BSE and after"*, P.J. Barnes & Assoc. Pub., 116-136.

GENNADIOS A., HANNA M.A., KURTH L.B., 1997. Application of edible coatings on meat, poultry and seafoods: a review. *Lebensm.-Wiss. Technol.*, 30, 337-350.

GENOT C., MÉTRO B., RENERRE M., GANDEMER G., 1990. Influence de l'environnement lipidique sur l'autoxydation de la myoglobine bovine. 2- Effet de phospholipides totaux extraits de muscle. *Viandes Prod. carn.*, 112 (6, 6 bis, 6 ter), 263-264.

GENOT C., RENERRE M., MEYNIER A., MERCIER Y., VIAU M., GATELIER P., GANDEMER G., 1997. The effect of fatty acids, vitamin E and other pro-oxidant substances on oxidative states in meat and products. Report for the sub-group 1 of the Diet-Ox project (AIR II-CT- 92-1577), Nov 1997.

GENOT C., RIAUBLANC A., HUBERT B., MEYNIER A., 1998a. Degradation specificities of muscle phospholipids during their oxidation in liposomes. *Proceedings of the 89th AOCS Annual meeting,* Chicago, USA, May 10-13, AOCS Press, p. 78.

GENOT C., MEYNIER A., VIAU M., MÉTRO B., GANDEMER G., RENERRE M., GATELLIER P., MERCIER Y., RÉMIGNON H., JUIN H., 1998b. Effect of dietary fat and vitamin E supply on lipid composition, oxidative stability and sensory quality of turkey muscle. Annual report of the Diet-Ox project, AIR II-CT- 92-1577. Reporting period : November 1996-December 1997.

GIRARD J.P., CASTANG C., GOUTEFONGEA R., 1973. Évolution de certaines caractéristiques des tissus adipeux de porc au cours du stockage à l'état congelé. *XIXe réunion européenne des chercheurs en viande.* Paris, 1691-1702.

GOKALP M.Y., OCKERMAN H.W., PLIMPTON R.F., PARRETT N.A., CAHILL V.R., 1978. Effect of different packaging methods on objective quality characteristics of frozen and stored cow beef. *J. Food Sci.*, 43, 297-300.

GOKALP H.Y., OCKERMAN H.W., PLIMPTON R.F., 1979. Effect of packaging methods on the sensory characteristics of frozen and stored cow beef. *J. Food Sci.*, 44, 146-150.

GONZALEZ-SANGUINETTI S., AÑON M.C., CALVELO A., 1985. Effect of thawing rate on the exudate production of frozen beef. *J. Food Sci.*, 50 (3), 697-700, 706.

GOSSLING U., TAMM C., 1991. Einsatz von tiefgefroenen Fleisch zur Herstellung von Bruehwurst. *Lebensmitteltechnik*, 23 (10), 526, 528, 530, 533. Résumé FSTA 92-02-S0128.

GOUTEFONGEA R., RAMPON V., NICOLAS N., DUMONT J.P., 1995. Meat color changes under high pressure treatment. Proceedings of the 41st ICoMST, San Antonio (USA), *Am. Meat Sci. Assoc.*, vol. 2, 384-387.

GRAY J.I., GOMA E.A., BUCKLEY D.J., 1996. Oxidative quality and shelf life of meats. *Meat Sci.*, 43, S111-S123.

GRAY J.I., PEARSON A.M., 1987. Rancidity and warmed-over flavor. In "*Advances in meat Reasearch*". V. 3 "*Restructured meat and poultry products*", A.M. Pearson & T.R. Dutson Eds., Van Nostrand Reinhold Co, New-York, 221-269.

GRUJÍC R., PETROVIĆ L., PILUKA B., AMIDŽIĆ L., 1993. Definition of the optimal freezing rate -1. Investigation of the structure and ultrastructure of beef m. *Longissimus dorsi* frozen at different freezing rates. *Meat Sci.*, 33, 301-318.

GUIDERA J., KERRY J.P., BUCKLEY D.J., LYNCH P.B., MORISSEY P.A., 1997. The effect of dietary vitamin E supplementation on the quality of fresh and frozen lamb meat. *Meat Sci.*, 45, 33-43.

HAGYARD C.J., KEILLER A.H., CUMMINGS T.L., CHRYSTALL B.B., 1993. Frozen storage conditions and rancid flavour development in lamb. *Meat Sci.*, 35, 305-312.

HAMM R., 1960. Biochemistry of meat hydration. *Adv. Food Res.*, 10, 355-463.

HAMM R., 1977. Postmortem breakdown of ATP and glycogen in ground muscle: a review. *Meat Sci.*, 1, 15-39.

HAMM R., HONIKEL K.O., 1977. Influence of cooling and freezing of minced prerigor muscle on the breakdown of ATP and glycogen. In « *Congélation, conservation à l'état congelé et lyophilisation* », Science et Technique du froid. Institut International du Froid Ed., Paris, 117-124.

HANSEN T.B., SKIBSTED L.H., ANDERSEN H.J., 1996. The influence of the anticaking agent potassium ferrocyanide and salt on the oxidative stability of frozen minced pork meat. *Meat Sci.*, 43 (2), 135-144.

HAYMON L.W., BROTSKY E., DANNER W.E., EVERSON C.W., HAMMES P.A., 1976. Frozen cooked meat antioxidant: Improved action of sodium tripolyphosphate with lemon juice concentrate. *J. Food Sci.*, 41, 417-420.

HERNANDEZ P., NAVARRO J., TOLDRÁ F., 1999. Effect of frozen storage on lipids and lipolytic activities in the *Longissimus dorsi* of the pig. *Z. Lebensm. -Unters. Forsch. A/Food Res. Technol.*, 208 (2), 110-115.

HINTON M., COOMBS E., HOLDER J.R., ALLEN V., HUDSON W.R., CORRY J.E.L, 1998a. The bacteriological quality of British beef. III. Frozen primal joints. *Meat Sci.*, 50 (4) 403-409.

HINTON M., COOMBS E., TUCKER V., JONES S., ALLEN V., HUDSON W.R., CORRY J.E.L., 1998b. The bacteriological quality of British beef. II. Frozen minced beef. *Meat Sci.*, 50 (4) 395-402.

HONIKEL K.O., KIM C.J., HAMM R., 1968. Sarcomere shortening of prerigor muscles and its influence on drip loss. *Meat Sci.*, 16, 267-282.

HUANG C.C., WANG T.Y., 1997. Effect of fresh and frozen chicken meat on the quality of restructured chicken streaks. *J. Chinese Soc. Anim. Sci.*, 26 (3), 347-358. Résumé FSTA 1998-06-S1035.

HWANG S.-Y., BOWERS J.A., KROPF D.H., 1990. Flavor, texture, color and hexanal and TBA values of frozen cooked beef packaged in modified atmosphere. *J. Food Sci.*, 55, 26-29.

IGENE J.O., PEARSON A.M., MERKEL R.A., COLEMEN T.H., 1979. Effect of frozen storage time, cooking and holding temperature upon extractable lipids and TBA values of beef and chicken. *J. Animal Sci.*, 49, 3, 701-707.

IGENE J.O., PEARSON A.M., DUGAN L.R. Jr, PRICE J.F., 1980. Role of triglycerides and phospholipids on development of rancidity in model meat systems during frozen storage. *Food Chem.*, 5, 263-276.

IGENE J.O., PEARSON A.M., GRAY J.I., 1981. Effects of length of frozen storage, cooking and holding temperatures upon component phospholipids and the fatty acid composition of meat triglycerides and phospholipids. *Food Chem.*, 7, 289-303.

IMAFIDON G.I., SPANIER A.M., 1994. Unraveling the secret of meat flavor. *Trends Food Sci. Technol.*, 5, 315-321.

IIF (Institut International du Froid), 1986. *Recommandations pour la préparation et la distribution des aliment congelés.* 3e éd., Paris, 418 p.

JAMES S.J., 1995. Freezing and cooking of meat and fish. In "*Physico-chemical aspects of food processing*", S.T. Beckett Ed., Blackie Academic & Prof., Londres, 276-291.

JAMES S.J., 1996. The cold chain "from carcass to consumer". In "*New developments in meat refrigeration*", J.D. Daudin Ed., IIF et ECCEAMST, Utrecht, NL, 1-6.

JAMES S.J., RHODES D.N., 1978. Cooking beef joints from the frozen or thawed state. *J. Sci. Food Agric.*, 29, 187-192.

JAMES S.J., NAIR C., BAILEY C., 1984. The effect of the rate of freezing and thawing on the drip loss from frozen beef. Proc. Cost 91, Athènes. In "*Thermal processing and quality of foods*", P. Zeuthen, J.C. Cheftel, C. Eriksson, M. Jul, H. Leniger, P. Linko, G. Varela, G. Vos., Eds., Elsevier appl. Sci., London, 807-813.

JENSEN C., LAURIDSEN C., BERTELSEN G., 1998a. Dietary vitamin E: Quality and storage stability of pork and poultry. *Trends Food Sci. Technol.*, 9, 62-72.

JENSEN C., SKIPSTED L.H., BERTELSEN G., 1998b. Oxidative stability of frozen-stored raw pork chops, chilled-stored pre-frozen raw pork chops, and frozen-stored pre-cooked sausages in relation to dietary $CuSO_4$, rapeseed oil and vitamin E. *Z. Lebensm. -Unters. Forsch. A/Food Res. Technol.*, 207 (5) 363-368.

JENSEN C., ENGBERG R., JAKOBSEN K., SKIBSTED L.H., BERTELSEN G., 1997. Influence of the oxidative quality of dietary oil on broiler meat storage stability. *Meat Sci.*, 47, 211-222.

JEREMIAH L.E., 1980. Effect of frozen storage and protective wrap upon cooking losses, palatability and rancidity development in fresh and cured pork cuts. *J. Food Sci.*, 45,187-196.

JEREMIAH L.E., 1981. The effects of frozen storage on the retail acceptability of pork loin chops and shoulder roasts. *J. Food Qual.*, 5, 73-88.

JEREMIAH L.E., 1982. The effects of frozen storage and protective storage wrap on the retail case-life of pork loin chops. *J. Food Qual.*, 5, 311-326.

JEREMIAH L.E., 1985. Effects of antioxidants on rancidity development and palatability of frozen bacon. *J. Food Prot.*, 48, 653-658.

JEREMIAH L.E., WILSON R., 1987. The effects of PSE/DFD conditions and frozen storage upon the processing yields of pork cuts. *Can. Inst. Food Sci. Technol. J.*, 20 (1), 25-30.

JEREMIAH L.E., MURRAY A.C., GIBSON L.L., 1990. The effects of differences in inherent muscle quality and frozen storage on the flavor and texture profiles of pork loin roasts. *Meat Sci.*, 27, 305-327.

JONES H.E. Jr., RAMSEY C.B., HINES R.C., HOES T.L., 1980. Low temperature roasting of thawed of frozen pork loins. *J. Food Sci.*, 45, 178-181.

JUL M., 1984a. *The quality of frozen foods.* Academic Press, London, 292 p.

JUL M., 1984b. Freezing and Thawing: Introduction and Conclusion. Proc. Cost 91, Athènes. in "*Thermal processing and quality of foods*", P. Zeuthen, J.C. Cheftel, C. Eriksson, M. Jul, H. Leniger, P. Linko, G. Varela, G. Vos. Eds., Elsevier appl. Sci., London, 499-510.

KALICHEVSKY M.T., KNORR D., LILFORD P.J., 1995. Potential applications of high-pressure effects on ice-water transitions. *Trends Food Sci. Technol.*, 6, 253-259.

KANG J.O., ITO T., FUKASAWA T., 1983. Effect of frozen storage on the structure and enzymatic activities of myofibrillar proteins of rabbit skeletal muscle. *Meat Sci.*, 9, 131-144.

KANNER J., 1994. Oxidative processes in meat and meat products: quality implications. *Meat Sci.*, 36, 169-189.

KANSCI G., GENOT C., MEYNIER A., GANDEMER G., 1997. The antioxidant activity of carnosine and its consequences on the volatile profiles of liposomes during iron/ascorbate induced phospholipid oxidation. *Food Chem.*, 60, 165-176.

KELLER J.D., KINSELLA J.E., 1973. Phospholipid changes and lipid oxidation during cooking and frozen storage of raw ground beef. *J. Food Sci.*, 38, 1200-1204.

KENNEDY C.J., 1999. Introduction. In « *Optimatisation de la qualité et de la stabilité des aliments congelés. Guide des dernières innovations en la matière à l'adresse des producteurs* », C.J. Kennedy & G.P. Archer Eds. Concerted Action CT96-1180, Rapport 2. pp. 29-38 (guide disponible auprès du représentant du programme FLAIR FLOW criaa@rennes.inra.fr).

KIJOWSKI J., RICHARDSON R.I., 1996. The effect of cryoprotectants during freezing or freeze drying upon properties of washed mechanically recovered broiler meat. *Int. J. Food Sci. Technol.*, 31, 45-54.

KIM N.-K., HUNG Y.-C., 1994. Freeze-cracking in foods as affected by physical properties. *J. Food Sci.*, 59 (3), 669-674.

KIM I.S., LEE M., 1998. Comparison of microbiological and physicochemical characteristics of the imported frozen pork bellies with domestic one. *Korean J. Anim. Sci.*, 40 (4), 413-420 (FSTA Abstract 1999-05-S0766).

KOWALE B.N., RAO V.K., BABU N.P., SHARMA N., BISHT G.S., 1996. Lipid oxidation and cholesterol oxidation in mutton during cooking and storage. *Meat Sci.*, 43, 195-202.

KUBOW S., 1992. Routes of formation and toxic consequences of lipid oxidation products in foods. *Free Rad. Biol. Medec.*, 12, 63-81.

LADISKOS D., LOUGOVOIS V., 1990. Lipid oxidation in muscle foods: a review. *Food Chem.*, 35, 295-314.

LAI S-M., GRAY J.I., SMITH D.M., BOOREN A.M., CRACKEL R.L., BUCKLEY D.J., 1991. Effects of oleoresin rosemary, tertiary butylhydroquinone, and sodium tripolyphosphate on the development of oxidative rancidity in restructured chicken nuggets. *J. Food Sci.*, 56, 3, 616-620.

LANARI M.C., BEVILACQUA A.E., ZARITZKY N.E., 1989. Pigments modifications during freezing and frozen storage of packaged beef. *J. Food Process Eng.*, 12, 49-66.

LANARI M.C., SCHAEFER D.M., CASSENS R.G., SCHELLER K.K., 1995. Atmosphere and blooming time affect color and lipid stability of frozen beef from steers supplemented with vitamin E. *Meat Sci.*, 40, 33-44.

LAROCHE M., 1981. *Libération et migration du jus pendant le chauffage de la viande.* Thèse présentée à l'École Nationale Supérieure des Industries Agricoles et Alimentaires, le 2 avril 1981. 90 p. + annexes.

LAROCHE M., 1988. La cuisson. In « *Technologie de la viande et des produits carnés* », J.P. Girard coord., Tec & Doc Lavoisier, Paris, 33-82.

LAURIDSEN C., BUCKLEY D.J., MORRISSEY P.A., 1997. Influence of dietary fat and vitamin E supplementation on α-tocopherol levels and fatty acids profiles in chicken muscle membranal fractions and on susceptibility to lipid peroxidation. *Meat Sci.*, 46, 9-22.

LAWRENCE R., CONSOLACION F., JELEN P., 1986. Formation of structured protein foods by freeze texturization. *Food Technol.*, 40 (3),77-82, 90.

LAWRIE R.A., 1991. *Meat Science* - Fifth Edition. Pergamon Press, Oxford, Ch. 6, 101-121, 243-269 ; Ch. 7, 122-151, 243-269.

LE BAIL A., CHOUROT J.-M., BARILLOT P., LEBAS J.-M., 1997. Congélation-décongélation à haute pression. Pour une meilleure qualité des produits congelés. *Rev. Gén. Froid*, 972, 51-56.

LEDWARD D.A., MAC FARLANE J.J., 1971. Some observations on myoglobin and lipid oxidation in frozen beef. *J. Food Sci.*, 36, 987-989.

LEE S.K., MEI L., DECKER E.A., 1997. Influence of sodium chloride on antioxidant enzyme activity and lipid oxidation in frozen ground pork. *Meat Sci.*, 46 (4), 349-355.

LEE J.W., PARK J.H., KIM S.B., KIM C.J., HYUN C.K., SHIN H.K., 1998. Application of competitive indirect enzyme-linked immunosorbent assay (Ci-ELISA) for monitoring the degree of frozen denaturation of bovine myosin. *Int. J. Food Sci. Technol.*, 33 (4), 401-410.

LE MESTE M., COLAS B., 1990. L'eau dans les procédés de transformation et de conservation des aliments. *Cah. ENSBANA*, n° 7, ENS.BANA Ed., Dijon, France.

LIN C.F., ASGHAR A., GRAY J.I., BUCKLEY D.J., BOOREN A.M., CRACKEL R.L., FLEGAL C.J., 1989. Effects of oxidised dietary oil and antioxidant supplementation on broiler growth and meat stability. *Br. Poult. Sci.*, 30, 855-864.

LINDELØV F., 1977. Chemical reactions in frozen, cured meat products: TTT-examinations of cured and uncured pork bellies. In « *Congélation, conservation à l'état congelé et lyophilisation* » Science et Technique du froid. Institut International du Froid Ed., Paris, 153-165.

LINDSAY D., 1994. Control applications. *Food Technol.* New Zealand, 29 (11), 30-32 (Abstract FSTA 94-04-S0117).

LIU H.F., BOOREN A.M., GRAY J.I., CRACKEL R.L., 1992. Antioxidant efficacy of oleoresin rosemary and sodium tripolyphosphate in restructured pork steaks. *J. Food Sci.*, 57, 803-806.

LIU H.F., BOOREN A.M., GRAY J.I., 1995a. Quality attributes of low-fat cherry ground beef patties. Proceedings of the 41st ICoMST, San Antonio (USA), *Am. Meat Sci. Assoc.*, Vol. 2, 384-387.

LIU Q., LANARI M.C., SCHAEFER D.M., 1995b. A review of dietary vitamin E supplementation for improvement of beef quality. *J. Anim. Sci.*, 73, 3131-3140.

LOCKER R.H., DAINES G.J., 1973. The effect of repeated freeze-thaw cycles on tenderness and cooking loss in beef. *J. Sci. Food Agric.*, 24, 1273-1275.

LÖNDAHL G., GÖRANSSON S., SUNDSTÉN S., ANDERSSON A., TORNBERG E., 1995. Quality differences in fast freezing. *19th Int. Cong. Refrigeration*, The Hague, NLD, Proceedings, IIF, Paris, Vol. 1, 197-203.

LYNCH M.P., KERRY J.P., BUCKLEY D.J., FAUSMAN C., MORRISSEY P.A., 1999. Effect of dietary vitamin E supplementation on the colour and lipid stability of fresh, frozen and vacuum-packaged beef. *Meat Sci.*, 52 (1), 95-99.

MA C.-W., 1991. *Oxydation des phospholipides dans les viandes de volaille séparées mécaniquement.* Thèse de Doctorat, Spécialité Science de l'Aliment, UFR Sciences, Univ. Nantes, 67 p. + réf. & annexes.

MAC DOUGALL D.B., 1982. Changes in the colour and opacity of meat. *Food Chem.*, 9, 75-88.

MACKIE I.C., 1993. The effects of freezing of flesh proteins. *Food Rev. Int.*, 9 (4), 576-610.

MAFART P., 1991. La congélation. In « *Génie industriel alimentaire* ». Tome 1 : *Les procédés physiques de conservation*, P. Mafart Ed., Tec & Doc, Lavoisier, Paris, 159-201.

MALLET C.P., 1994. *Frozen food technology.* Blackie Acad. & Prof., London, 339 p.

MANDIGO R.W., OSBURN W.N., 1996. Cured and processed meats. In "*Freezing effects on food quality*", L.E. Jeremiah Ed., Marcel Dekker, New-York, 135-182.

MANNAPPERUMA J.D., SINGH R.P., REID D.S., 1994a. Effective surface heat transfer coefficients encountered in air blast freezing of whole chicken and chicken parts, individually and in packages. *Int. J. Refrig.*, 17, 263-272.

MANNAPPERUMA J.D., SINGH R.P., REID D.S., 1994b. Effective surface heat transfer coefficients encountered in air blast freezing of single plastic wrapped whole turkey. *Int. J. Refrig.*, 17, 273-280.

MARGGRANDER K., HOFMANN K., 1997. Reduction of freezer burn and loss on drying during long term storage of pork with gelatin spray solution. *Fleischwirtschaft*, 77 (1), 19-21 (Abstract FSTA 97-05-S0063).

MARTEL P., PASCAL G., 1992. Additifs anti-oxygènes. In "*Additifs et auxiliaires de fabrication dans les industries agro-alimentaires*", J.L. Multon Ed., Tec & Doc Lavoisier, Paris, 191-223.

MARTINO M.N., ZARITZKY N.E., 1988. Ice crystal size modifications during frozen beef storage. *J. Food Sci.*, 53 (6), 1631-1637, 1649.

MARTINO M.N., OTERO L., SANZ P., ZARITZKY N.E., 1998. Size and location of ice crystals in pork frozen by high-pressure-assisted freezing as compared to classical methods. *Meat Sci.*, 50 (3), 303-313.

MASCHERONI R.H., CALVELO A., 1986. Relationship between heat transfer parameters and the characteristic damage variables for the freezing of beef. *Meat Sci.*, 4, 267-285.

MERCIER Y., GATELLIER P., BAEZA E., GENOT C., RENERRE M., 1998a. Dietary fat sources modulate the protective effect of vitamin E on lipid and protein oxidation in microsomal membranes from turkey muscles. *Proceedings of the 44th ICoMST*, Barcelone, 632-633.

MERCIER Y., GATELLIER P., VIAU M., MÉTRO B., RENERRE M., 1998b. Protein and lipid oxidation in turkey Sartorius muscle during frozen storage as influences by dietary fat sources and vitamin E supplementation. *Meat Sci.*, 48, 301-318.

MEYNIER A., GANDEMER G., 1994. La flaveur des viandes cuites: relations avec l'oxydation des phospholipides. In "*La cuisson des aliments*". Proceedings 7e rencontres Agoral, Nantes, 5/6 octobre 1994, ACIA-Paris, 223-232.

MEYNIER A., GENOT C., GANDEMER G., 1998. Volatile compounds of oxidized pork phospholipids. *J. Am. Oil Chem. Soc.*, 75 (1), 1-7.

MIELCHE M.M., BERTELSEN G., 1994. Aproaches to the prevention of warmed-over flavour. *Trends Food Sci. Technol.*, 5, 322-327.

MIKKELSEN A.M., JUN H., SKIBSTED L.H., 1992. Effects of polyphosphates on reactions of metmyoglobin related to oxidative changes in meat products. *Z. Lebensm. -Unters. Forsch.*, 194, 317-321.

MIKKELSEN K., RASMUSSEN E.L., ZINCK O., 1984. Retention of vitamin B_1, B_2, and B_6 in frozen meats. Proc. Cost 91, Athènes. In "*Thermal processing and quality of foods*", P. Zeuthen, J.C. Cheftel, C. Eriksson, M. Jul, H. Leniger, P. Linko, G. Varela, G. Vos. Eds., Elsevier appl. Sci., London, 777-781.

MILES C.A., MORLEY M.J., RENDELL M., 1999. High power ultrasonic thawing of frozen foods. J. *Food Process Eng.*, 39, 151-159.

MILLER A.J., ACKERMAN S.A., PALUMBO S.A., 1980. Effects of frozen storage on functionality of meat for processing. *J. Food Sci.*, 45, 1466-1471.

MITCHELL G.E., GILES J.E., ROGERS S.A, TAN L.T., NAIDOO R.J., FERGUSON D.M., 1991. Tenderizing, ageing, and thawing effects on sensory, chemical and physical properties of beef steaks. *J. Food Sci.*, 56, 5, 1125-1129.

MITTAL G.S., HANENIAN R., MALLIKARJUNAN P., 1993. Evaluation of freezing time prediction models for meat patties. *Can. Agric. Eng.*, 35 (1) 75-81.

MONAHAN F.J., ASGHAR A., GRAY J.I, BUCKLEY D.J., 1994. Effect of oxidized dietary lipid and vitamin E on the colour stability of pork chops. *Meat Sci.*, 37, 205-215.

MONTERO P., BORDERIAS J., 1990. Behaviour of myofibrillar proteins and collagen in hake (*Merluccius merluccius* L.) muscle during frozen storage and its effect on texture. *Z. Lebensm. -Unters. Forsch.*, 190, 112-117.

MOODY W.G., BEDAU C., LANGLOIS B.E., 1978. Beef thawing and cookery methods. Effect of thawing and cookery methods, time in storage and breed on the microbiology and palatability of beef cuts. *J. Food Sci.*, 43, 834-838.

MORLEY M.J., 1972. *Thermal properties of meat: Tabulated data.* Meat Research Institute, Special Report n°1, Langford, Bristol BS 18 7DY, UK., 48 p.

NGAPO T.M., BABARE I.H., REYNOLDS J., MAWSON R.F., 1999a. Freezing and thawing rate effects on drip loss from samples of pork. *Meat Sci.*, 53, 149-158.

NGAPO T.M., BABARE I.H., REYNOLDS J., MAWSON R.F., 1999b. Freezing and frozen storage effects on the ultrastructure of samples of pork. *Meat Sci.*, 53, 159-168.

NGAPO T.M., BABARE I.H., REYNOLDS J., MAWSON R.F., 1999c. A preliminary investigation of the effects of frozen storage on samples of pork. *Meat Sci.*, 53, 169-177.

NOLAN N.L., BOWERS J.A., KROPF D.H., 1989. Lipid oxidation and sensory analysis of cooked pork and turkey stored under modified atmospheres. *J. Food Sci.*, 54, 4, 846-849.

NUSBAUM R.P., SEBRANEK J.G., TOPEL D.G., RUST R.E., 1983. Structural and palatability relationships in frozen ground beef patties as a function of freezing treatments and product formulation. *Meat Sci.*, 8, 135-146.

PANIANGVAIT P., KING A.J., JONES A.D., GERMAN B.G., 1995. Cholesterol oxides in foods of animal origin. *J. Food Sci.*, 60, 1159-1174.

PARK J.W., LANIER T.C., KEETON J.T., HAMANN D.D., 1987. Use of cryoprotectants to stabilize functional properties of *prerigor* salted beef during frozen storage. *J. Food Sci.*, 52 (3), 537-542.

PARK J.W., LANIER T.C., PILKINGTON D.H., 1993. Cryostabilization of functional properties of *pre-rigor* and *post-rigor* beef by dextrose polymer and/or phosphates. *J. Food Sci.*, 58 (3), 467-472.

PAYNE S.R., YOUNG O.A., 1995. Effects of pre-slaughter administration of antifreeze proteins on frozen meat quality. *Meat Sci.*, 41, 147-155.

PAZ DE PEÑA M., CONCEPCIÓN CID M., BELLO J., 1998. A method for identification of frozen meat used for production of cooked ham. *Meat Sci.*, 48 (3/4), 257-264.

PETROVIĆ L., GRUJIĆ R., PETROVIĆ M., 1993. Definition of the optimal freezing rate - 2. Investigation of the physico-chemical properties of beef m. *Longissimus dorsi* frozen at different freezing rates. *Meat Sci.*, 33, 319-331.

PIE J.E., SPAHIS K., SEILLAN C., 1991. Cholesterol oxidation in meat products during cooking and frozen storage. *J. Agric. Food Chem.*, 39, 250-254.

POLLEY S.L., SNYDER O.P., KOTNOUR P., 1980. A compilation of thermal properties of foods. *Food Technol.*, 34 (11), 76-94.

POULSEN K.P., LINDELØV F., 1981. Acceleration of chemical reactions due to freezing. In "*Water activity: Influences on food quality*", L.B. Rockland & G.F. Stewart Eds., Academic Press, New-York, 651-678.

RAHELIĆ S., PUAČ S., GAWWAD A., 1985a. Structure of beef *Longissimus dorsi* muscle frozen at various temperatures. 1- Histological changes in muscle frozen at – 10, – 22, – 33, – 78, – 115 and – 196 °C. *Meat Sci.*, 14, 63-72.

RAHELIĆ S., GAWWAD A., PUAČ S., 1985b. Structure of beef *Longissimus dorsi* muscle frozen at various temperatures. 2- Ultrastructure of muscles frozen at – 10, – 22, – 33, – 78, – 115 and – 196 °C. *Meat Sci.*, 14, 73-81.

RAO V.K., KOWALE B.N., BABU N.P., BISHT G.S., 1996. Effect of cooking and storage on lipid oxidation and development of cholesterol oxidation products in water buffalo meat. *Meat Sci.*, 43, 179-185.

RASKIN P., CLINQUART A., MARCHE C., ISTASSE L., 1996. Vitamine E et qualité de viande. *Ann. Méd. Vét.*, 141, 113-126.

REID D.S., 1983. Fundamental physicochemical aspects of freezing. *Food Technol.*, 37 (4), 110-115.

REID D.S., 1994. Basic physical phenomena in the freezing and thawing of plant and animal tissues. In *"Frozen food technology"*, C.P. Mallet Ed., Blackie Acad. & Prof., London, 1-19.

RENERRE M., 1990. Review: factors involved in the discoloration of beef meat. *Int. J. Food Sci. Technol.*, 25, 613-630.

RENERRE M., MAZUEL J.P., 1985. Relations entre méthodes de mesure instrumentales et sensorielles de la couleur de la viande. *Sci. Aliments*, 5, 541-557.

RENERRE M., DUMONT F., GATELLIER P., 1996. Antioxidant enzyme activities in beef in relation to oxidation of lipid and myoglobin. *Meat Sci.*, 43, 111-121.

RHEE K.S., ANDERSON L.M., SAMS A.R., 1996. Lipid oxidation potential of beef, chicken, and pork. *J. Food Sci.*, 61, 8-12.

RISTIĆ M., 1982. Influence of the water cooling of fresh broilers on the shelf life of poultry parts at – 15 °C and – 21 °C. *Lebensm.-Wiss. Technol.*, 15,113-116.

ROBERTS T.A., HUDSON W.R., WHELEHAM O.P., SIMONSEN B., OLGAARD K., LABOTS H., SNIJDERS J.M.A., VAN HOOF J., DEBEVERE J., DEMPSTER J.F., DEVEREUX J., LEISTNER L., GEHRE H., GLEDEL J., FOURNAUD J., 1984. Number and distribution of bacteria on some beef carcasses at selected abattoirs in some member states of the European Communities. *Meat Sci.*, 11, 191-205.

ROSSET R., MEZIANE J., ROUSSEL-CIQUARD N., 1974. Influence de la congélation sur les aliments protéiques. C.D.I.U.P.A. Série synthèses bibliographiques, N° 4, 170 p.

SAGE J.R., INGHAM S.C., 1998. Survival of *Escherichia coli* O157:H7 after freezing and thawing in ground beef patties. *J. Food Prot.*, 61 (9) 1181-1183.

SAHAGIAN M.E., GOFF H.D., 1996. Fundamental aspects of the freezing process In *"Freezing effects on food quality"*, L.E. Jeremiah Ed., Marcel Dekker, New-York, 1-50.

SALÉ P., 1969. Augmentation de la conductivité électrique des viandes consécutive au processus de congélation-décongélation. *C.R. Acad. Sci. Paris*, 269, 2136-2139.

SALÉ P., 1974. Method of detecting thawed organic tissues, and device for carrying it. Brevet français 2 203 517 (2203517).

SALFI V., PORTANTI O., 1998. A reporter protein for meat integrity. *Meat Sci.*, 49 (3), 347-356.

SANZ P.D., DE ELVIRA C., MARTINO M., ZARITZKY N., OTERO L., CARRASCO J.A., 1999. Freezing rate simulation as an aid to reducing crystallization damage in foods. *Meat Sci.*, 52 (3) 275-278.

SEBRANEK J.G., 1982. Use of cryogenics for muscle foods. *Food Technol.*, 36 (4), 120-127.

SEBRANEK J.G., 1996. Poultry and poultry products In "*Freezing effects on food quality*", L.E. Jeremiah Ed., Marcel Dekker, New-York, 85-108.

SHAHIDI F., 1997. Natural antioxidants: An overview. In "*Natural antioxidants, chemistry, health effects, and applications*", F. Shahidi Ed., AOCS Press, Champaign, IL (USA), 1-11.

SHARMA N., SEN A.R., 1998. Influence of freezing and thawing on release of lysosomal enzymes of chicken muscles. *Indian J. Poultry Sci.*, 33 (1), 47-50 (Abstract FSTA 1999-03-S0563).

SHELDON B.W., CURTIS P.A., DAWSON P.L., FERKET P.R., 1997. Effect of dietary vitamin E on the oxidative stability, flavor, color, and volatile profiles of refrigerated and frozen turkey breast meat. *Poultry Sci.*, 76 (4), 634-641.

SHENOUDA S.Y.K., 1980. Theories of protein denaturation during frozen storage of fish flesh. *Adv. Food Res.*, 26, 275-311.

SIKORSKI Z.E., 1977. Protein changes in muscle foods due to freezing and frozen storage. In « *Congélation, conservation à l'état congelé et lyophilisation* », Science et Technique du froid. Institut International du Froid Ed., Paris, 25-39.

SIKORSKI Z.E., OLLEY J., KOSTUCH S., 1976. Protein changes in frozen fish. *Crit. Rev. Food Sci. Nutr.*, 8, 97-129.

SKLAN D., BARTOV I., HURWITZ S., 1982. Tocopherol absorption and metabolism in the chick and turkey. *J. Nutr.*, 112, 1394-1400.

SKLAN D., TENNE Z., BUDOWSKI P., 1983. The effect of dietary fat and tocopherol on lipolysis and oxidation in turkey meat stored at different temperatures. *Poultry Sci.*, 62, 2017-2021.

SMITH D.M., 1987. Functional and biochemical changes in deboned turkey due to frozen storage and lipid oxidation. *J. Food Sci.*, 52 (1), 22-27.

SNFPSC, 1996. *Aide à la maîtrise de l'hygiène alimentaire des produits surgelés et congelés.* Syndicat National des Fabricants de Produits Surgelés et Congelés Ed., Paris, 272 p.

STAINER F, 1996. La chaîne du froid, facteur de développement hygiénique et économique de filières alimentaires. In « *Prévention des contaminants et maîtrise de la chaîne du froid* ». Recueil des conférences de la Journée Française du Froid, 22 oct. 1996, AFF Ed., Paris, 17-24.

STOICK S.M., GRAY J.I., BOOREN A.M., BUCKLEY D.J., 1991. Oxidative stability of restructured beef steaks processed with oleoresin rosemary, tertiary butylhydroquinone, and sodium tripolyphosphate. *J. Food Sci.*, 56, 3, 597-600.

STØIER S., BORUP U., 1995. Impact of the freezing rate on the quality of loins for further processing. Proceedings of the 41st ICoMST, San Antonio, Texas (USA). *Am. Meat Sci. Assoc.*, Vol. 2, 352-353.

TARRANT P.V., 1982. Muscle proteins in meat technology. In "*Food proteins*", P.F. Fox & J.J. Condon Eds., Applied Sci. Pub., London, 261-291.

THYHOLT K., ISAKSSON T., 1997. Differenciation of frozen and unfrozen beef using near-infrared spectroscopy. *J. Sci. Food Agric.*, 73, 525-532.

TIM M.J., WATTS B.M., 1958. Protection of cooked meat with phosphates. *Food Technol.*, 12, 240-243.

TOCCI A.M., MASCHERONI R.H., 1994. Freezing times of meat balls in belt freezers: experimental determination and prediction by different methods. *Int. J. Refrig.*, 17, 445-452.

TOMANIAK A., TYSZKIEWICZ I., KOMOSA J., 1998. Cryoprotectants for frozen red meats. *Meat Sci.*, 50 (3), 365-371.

TORREGGIANI D., LUCAS T., BLOND G., RAOULT-WACK A.L., 1999. Amélioration de la qualité des aliments surgelés par application de prétraitements. In « *Optimisation de la qualité et de la stabilité des aliments congelés. Guide des dernières innovations en la matière à l'adresse des producteurs* », C.J. Kennedy & G.P. Archer Eds. Concerted Action CT96-1180, Rapport 2. pp. 29-38 (guide disponible auprès du représentant du programme FLAIR FLOW criaa@rennes.inra.fr).

TOURAILLE C., LIU L., 1991. Incidence de la congélation sur les propriétés sensorielles de la viande. *Viandes Prod. carn.*, 12 (2), 35-39.

VALIN C., LACOURT A., 1974. Action du froid sur les tissus musculaires des animaux abattus. Problèmes biochimiques concernant le traitement des viandes par réfrigération et congélation. *Rev. Gén. Froid,* 65, 1053-1065.

VALIN C., 1982. Influence des conditions de conservation sur l'évolution *post mortem* biochimique et biophysique des viandes. In « *Hygiène et technologie de la viande fraîche* », CNERNA Ed., Editions du CNRS, Paris, 203-220.

VALIN C., GOUTEFONGEA R., KOPP J., 1971. Évolution de quelques caractéristiques physico-chimiques du muscle congelé conservé à – 20 °C. *Rev. Gén. Froid,* N° 10, 923-931.

VANDERLINDE P.B., SHAY B., MURRAY J., 1998. Microbiological quality of australian beef carcass meat and frozen bulk packed beef. *J. Food Prot.*, 61 (4), 437-443.

VILLEGAS R., O'CONNOR T.P., KERRY J.P., BUCKEY J., LYNCH B., 1999. Effect of dietary alpha-tocopheryl acetate supplementation and gelatine dip on the oxidative and colour stability of bacon and pepperoni during frozen storage. *Fleischwirtschaft,* 79 (4), 86-89.

WAGNER J.R., AÑON M.C., 1985. Effect of freezing rate on the denaturation of myofibrillar proteins. *J. Food Technol.*, 20, 735-744.

WAGNER J.R., AÑON M.C., 1986a. Effect of frozen storage on protein denaturation in bovine muscle. 1. Myofibrillar ATPase activity and differential scanning calorimetric studies. *J. Food Technol.*, 21, 9-18.

WAGNER J.R., AÑON M.C., 1986b. Effect of frozen storage on protein denaturation in bovine muscle. 2. Influence on solubility, viscosity and electrophoretic behaviour of myofibrillar proteins. *J. Food Technol.*, 21, 547-558.

WANG B., XIONG Y., 1998. Functional stability of antioxidant-washed, cryoprotectant-treated beef heat surimi during frozen storage. *J. Food Sci.*, 63, 293-298.

WANG B., XIONG Y., SRINIVASAN S., 1997. Chemical stability of antioxidant-washed beef heat surimi during frozen storage. *J. Food Sci.*, 62, 939-954, 991.

WANG Z.Q., HUANG M.C., 1998. Investigation of salmonella contamination in 789 bulks of imported frozen chicken products. *Meat Hyg.*, 3, 7-8 (Abstract FSTA 1999-07-S1242).

WANOUS M.P., OLSON D.G., KRAFT A.A., 1989. Pallet location and freezing rate effects on the oxidation of lipids and myoglobin in commercial fresh pork sausage. *J. Food Sci.*, 54, 3, 549-552.

WATANABE T., 1981. Traditional techniques in Japan for food preservation by freezing, thawing, and drying. In "*Water activity: Influences on food quality*", L.B. Rockland & G.F. Stewart Eds., Academic Press, New-York, 733-742.

WEBB J.E., BRUNSON C.C., YATES J.D., 1972. Effects of feeding antioxidants on rancidity development in pre-cooked, frozen broiler parts. *Poultry Sci.*, 51, 1601-1605.

WEBB J.E., BRUNSON C.C., YATES J.D., 1974. Effects of dietary fat and dl-α-tocopheryl on stability characteristics of precooked frozen broiler parts. *J. Food. Sci.*, 39, 133-136.

WEN J., MORRISSEY P.A., BUCKLEY D.J., SHEEBY P.J.A., 1996. Oxidative stability and alpha-tocopherol retention in turkey burgers during refrigerated and frozen storage as influenced by dietary alpha-tocopheryl acetate. *Br. Poultry Sci.*, 37 (4) 787-795.

WILSON B.R., PEARSON A.M., SHORLAND F.B., 1976. Effect of total lipids and phospholipids on warmed-over-flavor in red and white muscle from several species as measured by thiobarbituric acid analysis. *J. Agric. Food Chem.*, 24, 7-11.

WINGER R.J., 1984. Storage life and eating-related quality of New-Zealand frozen lamb: A compendium of irrepressible longevity. Proc. Cost 91, Athènes. In *"Thermal processing and quality of foods"*, P. Zeuthen, J.C. Cheftel, C. Eriksson, M. Jul, H. Leniger, P. Linko, G. Varela, G. Vos. Eds., Elsevier appl. Sci., London, 541-552.

WOOD J.D., ENSER M., 1997. Factors influencing fatty acids in meat and the role of antioxidants in improving meat quality. *Br. J. Nutr.*, 78, Suppl. 1, S49-S60.

ZACHARIAH N.Y., SATTERLEE L.D., 1973. Effect of light, pH and buffer strength on the autoxidation of porcine, ovine and bovine myoglobins at freezing temperatures. *J. Food Sci.*, 38, 418-420.

ZHAO Y., FLORES R.A., OLSON D.G., 1998. High hydrostatic pressure effects on rapid thawing of frozen beef. *Food Technol.*, 63, 272-275.

ZORBA O., GOKALP H.Y., YETIM H., OCKERMAN H.W., 1993. Salt, phosphate and oil temperature effects on emulsion capacity of fresh and frozen meat and sheep tail fat. *J. Food Sci.*, 58, 492-496.

Lexique

Français	Anglais
brûlure de congélation	*frozen burn*
capacité de rétention d'eau/ pouvoir de rétention d'eau	*water holding capacity*
centre thermique	*thermal center*
chaleur latente	*latent heat*
chaleur spécifique	*specific heat*
conductivité thermique	*thermal conductivity*
congélateur	*freezer*
congélateur à bande en spirale	*spiral belt freezer*
congélateur à bande transporteuse	*belt freezer*
congélateur à courroies (ou à bandes)	*band freezer*
congélateur à lit fluidisé	*fluidized bed freezer*
congélateur à plaques	*plate freezer*
congélateur à soufflage d'air	*air blast freezer*
congélateur à tambour	*drum freezer*
congélation	*freezing*
congélation rapide ou surgélation	*quick-freezing*
congelé	*frozen*
congeler	*to freeze*
cristal de glace	*ice crystal*
cristallisation	*crystallisation*
décoloration	*discoloration*
décongélation	*thawing*
décongeler	*to thaw*
dégivrage	*defrosting*
dénaturation	*denaturation*
dessiccation/dessèchement	*desiccation*
durcissement/contraction au froid	*cold toughening/shortening*
durcissement/contraction/ rigidité de décongélation	*thaw-toughening*
durée de vie	*shelf-life*
durée pratique de conservation	*practical storage life (PSL)*
eau congelable	*freezable water*
emballage	*wrapping material*
entrepôt frigorifique	*cold store*
état vitreux	*glass/glassy state*
exsudat	*drip/drip fluid*
frais	*fresh*
germe/noyau de nucléation	*freezing nucleus*
givre	*frost*
glace	*ice*
incongelable	*frostproof*
maintien en haute qualité	*high quality life (HQL)*

non congelé ou frais	*unfrozen*
oxydation	*oxidation*
perte en jus	*drip loss*
point de congélation	*freezing point*
point de fusion	*melting point*
pré-conditionnement	*prepackaging*
pré-réfrigération	*pre-freezing*
pré-réfrigération sous vide	*vacuum-cooling*
propriétés thermiques	*thermal properties*
raccourcissement à la décongélation	*thaw-shortening*
recristallisation	*recrystallisation*
réfrigération/refroidissement	*chilling*
refroidissement	*cooling*
refroidissement (réfrigération) rapide	*very fast chilling*
rigidité de décongélation	*thaw rigor*
se givrer, se couvrir de givre	*to frost over/up*
stockage au froid	*cold storage*
sublimation	*sublimation*
surfusion	*super-cooling/under cooling*
surgélateur	*deep-freezer*
surgélation	*deep/sharp-freezing*
surgélation individuelle des produits	*IQF (individual quick freezing)*
surgeler	*to deep-freeze*
temps de congélation	*freezing time*
transition vitreuse	*glassy transition*
tunnel de congélation	*tunnel freezer*
tunnel de congélation à bande transporteuse	*carrier freezer*
tunnel de congélation ventilé	*blast tunnel freezer*
vitesse de congélation	*freezing rate*

TECHNIQUES ET PRATIQUES

Ouvrages parus dans la même collection

Maladies de la tomate
Observer, identifier, lutter
D. BLANCARD, 1988, 232 p.

Le cerf et son élevage
Alimentation, techniques et pathologie
A. BRELURUT, A. PINGUARD
et M. THERIEZ, 1990, 144 p.

L'alimentation des chevaux
W. MARTIN-ROSSET
1990, 232 p.

Maladies des Cucurbitacées
Observer, identifier, lutter
D. BLANCARD, H. LECOQ
et M. PITRAT, 1991, 320 p.

Weeds of the Lesser Antilles
Mauvaises Herbes des Petites Antilles
J. FOURNET et J. L. HAMMERTON
1991, 214 p.

Maladies de conservation des fruits
à pépins : pommes et poires
P. BONDOUX, 1992, 228 p.

Techniques de cytogénétique végétale
J. JAHIER, 1992, 196 p.

Pratique des statistiques
non paramétriques
P. SPRENT
Trad. fr. : J.-P. LEY, 1992, 302 p.

Graines des feuillus forestiers
De la récolte au semis
B. SUSZKA, C. MULLER
et M. BONNET-MASIMBERT
1994, 318 p.

Guide pour la description des sols
D. BAIZE et B. JABIOL, 1995, 388 p.

Flore des champs cultivés
P. JAUZEIN, 1995, 898 p.

Référentiel Pédologique 1995
1995, 332 p.

Seeds of Forest Broadleaves
from Harvest to Sowing
B. SUSZKA, C. MULLER
et M. BONNET-MASIMBERT
1996, 336 p.

Catalogue des Aphididae du monde
(Homoptera Aphidoidea)
G. REMAUDIÈRE et M. REMAUDIÈRE
1997, 478 p.

Identifier les champignons
transmis par les semences
R. CHAMPION, 1997, 400 p.

Détection et isolement
des champignons du sol
P. DAVET et F. ROUXEL, 1997, 208 p.

De la canne au rhum
L. FAHRASMANE et B. GANOU-PARFAIT
1997, 112 p.

Maladies du tabac
Observer, identifier, lutter
D. BLANCARD, 1998, 376 p.

Le caviar
De la pêche au grain
V. STERNIN, I. DORÉ
Trad. fr. : T. BONHOMME
1998, 216 p.

Techniques de cytogénétique animale
P. POPESCU, H. HAYES,
B. DUTRILLAUX, coord. 1998, 262 p.

Guide des analyses en pédologie
2e éd. revue et augmentée
D. BAIZE, 2000, 266 p.

ISBN : 2-7380-0931-X ISSN : 1150-3912

Imprimé par Jouve, 18, rue Saint-Denis, 75001 PARIS
N° 287311W. Dépôt légal : Novembre 2000